我们不能挽留失去，但可以迎接归来

# 所有失去的终将以另一种方式归来

张卉妍 著

中国华侨出版社

·北京·

前言 PREFACE

生存和生活，看似一字之差，却天壤之别。遇到挫折，跨过去了，就是柳暗花明，诗意的日子；跨不过去，就精疲力竭，苟且地活着。生活中总有一些人，不会迷茫、悲观地慨叹生活的不如意，追悔自己失去的东西，而是通过自己的拼搏与努力，战胜生活给予的磨难，取得常人无法企及的成就。凭着"努力"这座桥梁，他们终究得到了自己想要的东西，跨过了生存，迈向了生活。

诚然，走在奋斗的路上，生活总有些不公平，我们总会失去一些东西，想要伸手抓住什么，却好像什么也抓不住。山有巅峰，也有低谷；水有深渊，也有浅滩。人生之路也一样，一些意想不到的痛苦、挫折、失败总会猝不及防地袭来，让我们时而身处山巅，时而沉入谷底。在生命中，失败、悲伤、痛苦、失望，有时会将我们引入绝境，但不必退缩，我们可以爬起来，重新开始。其实，我们大可不必为失去的慨叹，它并没有真正消失，在不远的将来，它会以另一种更好的方式，与我们重逢。

这世上从来没有白费的努力，也没有碰巧的成功。你要相信，自己付出之后必有回报。因此，多努力一次，就多一次逼近成功的机会。所以说，生活不会辜负每一个努力的人，只不过有些回报正是你想要的，有些回报也许不符合你的初衷，却也会让你有一种"无心插柳柳成荫"的惊喜。

人生很长，不是每段路，都有人在身边默默地陪伴；不是每个难题，都有人及时地伸出援手……生活中总有不尽如人意之处，但所有的困境都来自内在的心境，只要勇敢，就一定能迎来回归的喜悦。不要舍不得放手，放开才可能得到；即使身陷泥沼，也要满怀希望。我们不能挽留失去，但可以迎接归来；我们不能改变出身，但可以改变未来。要相信：所有失去的，终将以更好的方式归来！请记住，只要勇敢前行，就一定能达到自己想去的地方。

未来的一切，取决于今天的每一步。你今天踏出去的每一步，都是未来的奠基石。所以，只有珍惜今天，当下努力，才能把握明天，拥有未来。

本书是指导人们跨越人生障碍、步步为"赢"的人生指南。它从实际出发，旨在为那些有远大理想、不甘平庸的人树立一盏引路明灯，教他们坚定目标，摆正心态，正视困苦，踏实行动，全力拼搏，不言败、不言弃，从而不负光阴，无愧于心，成就生命的精彩！

本书献给心怀梦想并努力拼搏的人，愿你终成人生赢家。

# 目录

## 第三章　把人生还给自己，听从内心真实的声音

第一章
如果事与愿违，
请相信一定另有安排

## 岁月不会辜负你，他只是来得晚一些

生活陷入困顿，人生陷入低谷，这个时候你在想些什么？就打算这样过一辈子吗？当然不能。面对生活的不幸，我们只有依靠坚韧的态度来承受风雨，才有机会迎接阳光。

世界上最容易、最有可能取得成功的人，就是那些坚忍不拔的人。无论你现在的境况如何，都要坚定不移、百折不挠。

莎莉·拉斐尔是美国著名的电视节目主持人，曾经两度获奖，在美国、加拿大和英国每天有800万观众收看她的节目。可是她在30年的职业生涯中，却曾被辞退18次。

刚开始，美国大陆的无线电台都认为女性主持不能吸引观众，因此没有一家无线电台愿意雇用她。她便迁到波多黎各，苦练西班牙语。有一次，多米尼亚共和国发生暴乱事件，她想去采访，可通讯社拒绝她的申请，于是她自己凑够旅费飞到那里，采访后将报道卖给电台。

1981年她被一家纽约电台辞退，无事可做的时候，她有了一个节目构想。虽然很多家广播公司觉得她的构想不错，但碍于她是女性，最终还是放弃了。最后她终于说服了一家公司，并受到了雇用，但她只能在政治台主持节目。尽管她对政治不熟，但还是勇敢尝试。1982年夏，她的节目终于开播。她充分发挥自己的长处，畅谈7月4日美国国庆对自己的意义，还请观众打来电话互动交流。令人想不到的是，节目很成功，观众非常喜欢她的主持方式，所以她很快成名了。

当别人问她成功的经验时，她发自内心地说："我被人辞退了18次，本来大有可能被这些遭遇所吓退，做不成我想做的事情。但结果恰恰相反，我让它们鞭策我前进。"正是这种不屈不挠的性格使莎莉在逆境中避免了一蹶不振、默默无闻的一生，走向了成功。

任何成功的人在成功之前，没有不遭遇失败的。爱迪生在经历了一万多次失败后才发明了灯泡，沙克也是在试用了无数介质之后，才培养出小儿麻痹疫苗。

"你应把挫折当作是使你发现你思想的特质，以及你的思想和你明确目标之间关系的测试机会。"如果你真能理解这句话，它就能调整你对逆境的反应，并且能使你继续为目标努力，挫折绝对不等于失败，除非你自己这么认为。

爱默生说过："我们的力量来自我们的软弱，直到我们被戳、被刺，甚至被伤害到疼痛的程度时，才会唤醒包藏着神秘力量的愤怒。伟大的人物总是愿意被当成小人物看待，当他坐在占有优势的椅子中时会昏昏睡去，当他被摇醒、被折磨、被击败时，便有机会可以学习一些东西了。此时他必须运用自己的智慧，发挥他的刚毅精神，他会了解事实真相，从他的无知中学习经验，治疗好他的自负。最后，他会调整自己并且学到真正的技巧。"

因此，无论经历怎样的失败和挫折，你都要从精神上去战胜它，别把它当一回事，甩甩手从头再来，成功终究会来临。你要相信，没有到不了的明天。岁月不会辜负你，他只是来得晚一些。

## 我们不在别处，不在那时，只在当下

人生最值得珍视的是什么？是不可追回的过去吗？是遥不可及的未来吗？其实都不是。人生最值得珍视的就是"当下"的实在，是我们现在正在做的事、所处的地方以及围绕在我们周围的人。

雪停之后，文益前来告辞，桂琛禅师把他送到了寺门口，说道："你平时常说'三界由心生，万物因识起'。"然后指着院中的一块石头说，"你且说说，这块石头是在心内，还是在心外？"

文益："在心内。"

桂琛："一个四处行脚的出家人，为什么要在心里头安放一块大石头呢？"

文益被窘，一时语塞，无法回答，便放下包裹，留在地藏院，向桂琛禅师请教难题。一个多月来，文益每次呈上心得，桂琛都对他的见解予以否定。直到文益理尽词穷，桂琛才告诉他："若论佛法，一切现成。"

这一句话，使文益恍然大悟。

正像桂琛禅师那样，高明的法师们、大师们往往用三心切断的方法，使人

3

们了解初步的空性，把不可得的过去心去掉，把没有来的未来心挡住，而只存留现在心。文益的大悟得桂琛点醒，亦是如此。所以我们要认清楚才行，要先认清自己的心，才好修道。

珍惜眼前人与事，珍惜当下，还因为人的生命是有限的，时间即是生命。人生百年，几多春秋。向前看，仿佛时间悠悠无边；猛回首，方知生命挥手瞬间。

时间是最平凡的，也是最珍贵的，金钱买不到它，地位留不住它，每个人的生命都是有限的。它一分一秒，稍纵即逝，与其每天长吁短叹，不如将其牢牢地把握，才能在有限的时间桎梏下获得最大的自由、最洒脱的幸福。

人的一生时间何其有限，所以我们活着就要活得充实。自古以来，人生八苦中"死"是最让人惧怕的，所以秦始皇会派徐福出海寻长生不老之药，一代枭雄曹操会慨叹"人生几何"。人生正如清晨的露珠，"去日苦多"，晶莹璀璨都只在瞬间绽放，微风拂过，生命就会陨落，阳光轻吻，生命便会干涸。生死常常就在一线之间，这一线，捆绑住了无数人的心，让他们无法摆脱对死亡的恐惧，对生存的留恋。

珍惜眼前人与事，学会惜福，我们此生不会荒度。人生中本来就有许多的忧愁烦恼，如果自己一直惴惴于心，就会将自己累垮。只有善于把强加于身的负担放下来，才能找到真正的快乐，从而真正地做到"宠辱不惊，坐看庭前花开花落；去留无意，漫随天外云卷云舒"。生死有命，我们能把握的只有当下，所以不如珍惜眼前的人与事。

什么是"活在当下"呢？这个看似深奥的道理实际上很简单：吃饭就是吃饭，睡觉就是睡觉，没有过去拖着你的脚步，也没有未来拉扯你的目光，将你生命的全部能量都集中在眼前这一刻，集中在"现在"的人和物上面，这样，你的生命就会生长出一种强烈的张力。而那些背负着过去，忧虑着未来，却对眼前的一切视若无睹的人，永远到不了心灵的净土。

日本的亲鸾上人九岁时，就已立下出家的决心，他要求慈镇禅师为他剃度，慈镇禅师就问他说："还这么年少，为什么要出家呢？"

亲鸾："我虽年仅九岁，父母却已双亡，我不知道为什么人一定要死亡？为什么我非与父母分离不可？为了探究这层道理，我一定要出家。"

慈镇禅师非常嘉许他的志愿，说道："好！我明白了。我愿意收你为徒，不过，今天太晚了，待明日一早，再为你剃度吧。"

亲鸾听后，非常不以为然地说道："师父！虽然你说明天一早为我剃度，但我终是年幼无知，不能保证自己出家的决心是否可以持续到明天。而且师父，你年事已高，你也不能保证你是否明早起床时还活着。"

慈镇禅师听了这话，拍手叫好，并满心欢喜地道："你说的话没错！现在我就为你剃度吧！"

年仅九岁的亲鸾上人就有这等"活在当下"的智慧，着实让人佩服。每一分钟的我们都在发生着微妙的变化，所以我们并不能活在已经成为过去的昨天，也无法透支宏大的、未知的明天。宇宙每一瞬都在改变，我们只有一瞬，只活在当下。

路就在脚下，现在不做，更待何时？过去的只是杂念，就让它在时间的沙河中淘尽；未来的只是妄想，请用淡然的心去等待；我们能够抓住的，只有此时此刻的心境；保护这份恬适，就是谨守自己当下的本分。

许多人都喜欢预支明天的烦恼，想要早一步将它解决掉，但是这只是一个无法完成的梦想罢了。人每一天都要面对崭新的生活，每一天都有每一天的人生功课，努力做好今天的功课再说吧！用平常心对待每一天，认真地活在当下，用感恩的心对待当下的生活，才能理解生活和快乐的真正含义。

人生无常，很多事情都不是我们能预料的，我们所能做的只是把握当下，珍惜拥有。许多人都相信来生与前世，因为那让我们用前世作为今生不幸的借口，说那是前世欠下的。又因对今生的不满，而憧憬来生，说可以等待来生去实现。可问题是，前世、今生、来生本就在一周一周的轮转之中，你又怎么将它们彼此清清楚楚地割裂开来呢？舍不得过去，等不到永远，唯有认真活在当下。

## 人这一辈子总有一个时期需要卧薪尝胆

人生不如意事十之八九，即使是一个十分幸运的人，在他的一生中也总有一个或几个时期处于十分艰难的情况，总能一帆风顺的人几乎没有。看一个人是否成功，我们不能只看他成功的时候或开心的时候怎么过，也要看其在不顺利的时候，在没有鲜花和掌声的落寞日子里怎么过。有句话是这么说的："在前进的道路上，如果我们因为一时的困难就将梦想搁浅，那只能收获失败的种子，我们将永远不能品尝到成功这杯美酒芬芳的味道。"

史玉柱曾经是 20 世纪 90 年代赫赫有名的中国商界风云人物，但也因为自己的张狂而一赌成恨，血本无归。下了很大的决心后，史玉柱决定和自己的三个部下爬一次珠穆朗玛峰，那个他一直想去的地方。

"当时雇一个导游要 800 元，为了省钱，我们四个人什么也不知道就这么往前冲了。"1997 年 8 月，史玉柱一行四人就从珠峰 5300 米的地方往上爬。要下山的时候，四人身上的氧气用完了，走一会儿就得歇一会儿。后来，又无法在冰川里找到下山的路。

"那时候觉得天就要黑了，在零下二三十摄氏度的冰川里，如果天黑肯定要冻死。"

许多年后，史玉柱把这次的珠峰之行定义为自己的"寻路之旅"。之前的他张狂、自傲，带有几分赌徒似的投机秉性。33 岁那年刚进入《福布斯》评选的中国大陆富豪榜前十名，两年之后，他就负债 2.5 亿，成为"中国首负"，自夸是"著名的失败者"。珠峰之行结束之后，他沉静、反思，仿佛变了一个人。

不管在高耸入云的珠穆朗玛峰上，史玉柱有没有找到自己的路，一番内心的跌宕在所难免。不然，他不会从最初的中国富豪榜前十名沦落到"首负"之后，又发展到如今的百亿身价。其中艰辛常人必定难以体会。正因为如此，有人用"沉浮"二字形容他的过往，而史玉柱从失败到重新崛起的经历，也值得我们探究。

20 世纪 90 年代，史玉柱通过销售巨人汉卡迅速赚取超过亿元的资本，凭此赢得了巨人集团所在地珠海市第二届科技进步特殊贡献奖。那时的史玉柱事业达到了顶峰，自信心极度膨胀，似乎没有什么事做不成。也就是在获得诸多荣誉的那年，史玉柱决定做点"刺激"的事：要在珠海建一座巨人大厦，为城市争光。

大厦最开始定的是 18 层，但最后大厦层数节节攀升，一直飙到 72 层。此时的史玉柱就像打了鸡血一样，明知大厦的预算超过 10 亿，手里的资金只有 2 亿，还是不停地加码。最终，资金链的断裂让不可一世的史玉柱尝尽了苦头。他曾经在最后的关头四处奔走寻觅资金，但"所有的谈判都失败了"。随之而来的是全国媒体的一哄而上，成千上万篇文章骂他。

欠下的债也是个极其恐怖的数字。史玉柱最难熬的日子是1998年上半年，那时，他连一张飞机票也买不起。"有一天，为了到无锡去办事，我只能找副总借，他个人借了我一张飞机票的钱，1000元。"到了无锡后，他住的是30元一晚的招待所。女招待员认出了他，没有讽刺他，反而给了他一盘水果。那段日子，史玉柱一贫如洗。如果有人给那时的史玉柱拍摄一些照片，那上面的脸孔必定是极度张狂到失败后的落寞，焦急、忧虑是史玉柱那时最生动的写照。

经历了这次失败，史玉柱开始反思。他觉得性格中一些癫狂的成分是他失败的原因。他想找一个地方静静，于是就有了一年多的南京隐居生活。

在中山陵前面的一块地方，有一片树林，史玉柱经常带着一本书和一个面包到那里"充电"。那段时间，他读了很多书。那时，他每天十点左右起床，然后下楼开车往林子那边走，路上会买好面包和饮料。部下在外边做市场，他只用手机操作。晚上快天黑了就回去，在大排档随便吃一点，一天就这样过去了。

后来有人说，史玉柱之所以能"死而复生"，就是得益于那时候的"卧薪尝胆"。他是那种骨子里希望重新站起来的人。事业可以失败，精神上却不能倒下。经过一段时间的修身养性，他逐渐找到了自己失败的症结：之前的事业过于顺利，所以忽视了许多潜在的隐患。不成熟、盲目自大、野心膨胀，这些，就是他性格中的不安定因素。

他决心从头再来，此时，史玉柱身体里"坚强"的秉性体现出来。他在那次珠峰以及多次"省心"之旅后踏上了负重的第二次创业。这次事业的起点是保健品脑白金。因为之前的巨人大厦事件，全国上下已经没有几个人看好史玉柱。他再次的创业只是被更多的人看作赌徒的又一次疯狂。但脑白金一经推出，就迅速风靡全国，到2000年，月销售额达到1亿元，利润达到4500万。自此，巨人集团奇迹般地复活。虽然史玉柱还是遭到诸多非议，但不争的事实是，史玉柱曾经的辉煌确实慢慢回来了。

赚到钱后，他做的第一件事就是还钱。这一举动，再次使其成为众人的焦点。因为几乎没有人能够想到史玉柱有翻身的一天，更没想到这个曾经输得一贫如洗的人能够还钱，但他确实做到了。

认识史玉柱的人，总说这些年他变化太大。怎么能没有变化呢？一个经历了大起大落的人，内心总难免泛起些波澜。而对于史玉柱，改变最多的，大概是心态和性格。几番沉浮，很少有人再看到他像早些年那样狂热、亢奋、浮躁，更多的是沉稳、坚忍和执着。即使是十分危急的关头，他也是一副胸有成竹、不慌不忙的样子。

回想自己早年的失败时，史玉柱曾特意指出，巨人大厦"死"掉的那一刻，他的内心极其平静。而现在，身价百亿的他也同样把平静作为自己的常态。只是，这已是两种不同的境界。前者的平静大概象征一潭死水，后者则是波涛过后的风平浪静。起起伏伏，沉沉落落，有些人就是在这样的过程中变得强大和不可战胜。良好的性情和心态是事业成功的关键，少了它们，事业的发展就可能徒增许多波折。

人生难免有低谷的时候，在这样的时刻，我们需要的就是忍受寂寞，卧薪尝胆。就像当年越王勾践那样，三年的时间里，作为失败者他饱受屈辱，被放回越国之后，他选择了在寂寞中品尝苦胆，铭记耻辱，奋发图强，最终得以雪耻。不要羡慕别人的辉煌，也不要眼红别人的成功，只要你能忍受寂寞，满怀信心地去开创，默默付出，相信生活一定会给你丰厚的回报。

## 在最深的绝望里，遇见最美丽的风景

所谓绝境，不过是成功前的一个热身、蹲下身、屈起臂膀、起跳……这一个个动作，都是为最后那完美的冲刺所做的精心准备。因此，不管你现在顺利与否、灰心与否，让我们共同记住：天无绝人之路，更无绝人之境。面对人生接踵而至的绝境，要坚定地告诉自己：我一定能在最深的绝望里，遇见最美丽的惊喜。

当你被命运无情捉弄，当你的生活一无所有，当你失去亲人和朋友，当你的肢体变得残缺，请不要绝望，因为你还有人最宝贵的东西——生命。所以就算遭受了多么大的打击，也不要放弃活下去的念头，每个人都是造物主的杰作，父母赐予我们生命，我们就该好好珍惜。看看那些为了生存苦苦挣扎的人，他们都在为了生存而努力勇敢地走下去。跌倒了爬起来继续往前走，放弃堕落和脆弱，只要活着，就有希望。

也许你以为自己深陷绝路，你认为所有的努力都是徒劳的，其实，再坚持一会儿，再试一下，就有可能看到胜利的曙光。很多时候，打败你的不是对手，也不是外部的环境，而是你自己的脆弱。并不是生活把你逼上了绝路，而是你自己把自己拉向了深渊。不管身处什么样的境地，都不要用绝望代替希望，只要有希望与你同在，总会柳暗花明又一村。

相信自己没有什么不能做到，如果抱着巨大的热情和坚强的意志去改变现实，你就能掌控自己的命运。

只有多吃一点儿苦，才能磨炼出我们克服困难的勇气。只要我们有突破困境的信心，就不会惧怕黎明前的黑暗。只要我们能再坚持一下，再努力一回，迈出自己自信的步伐，完成这最后也是最关键的一步，我们就一定能进入成功的殿堂。

## 你人生最坏的结局，也不过就是大器晚成

有两个不如意的年轻人，一起去拜望一位禅师："师父，我们在办公室被欺负，太痛苦了，求您开示，我们是不是该辞掉工作？"两个人一起问。禅师闭着眼睛，隔半天，吐出五个字："不过一碗饭。"就挥挥手，示意年轻人退下了。

回到公司，一个人递上辞呈，回家种田，另一个却没动。日子真快，转眼十年过去。回家种田的，以现代方法经营，加上品种改良，居然成了农业专家。另一个留在公司里的也不差，他忍着气、努力学，渐渐受到器重，后来成为经理。

有一天两个人相遇了，"奇怪！师父给我们同样'不过一碗饭'这五个字，我一听就懂了，不过一碗饭嘛！日子有什么难过？何必硬巴着公司？所以辞职。"农业专家问另一个人，"你当时为什么没听师父的话呢？""我听了啊！"那经理笑道，"师父说'不过一碗饭'，多受气、多受累，我只要想'不过为了混碗饭吃'，老板说什么是什么，少赌气、少计较，就成了！师父不是这个意思吗？"两个人又去拜望禅师，禅师已经很老了，仍然闭着眼睛，隔半天，答了五个字："不过一念间。"

对于我们每一个人来说，没有一样东西是可以完完全全、真真正正抓住

9

的，无论是物，还是人。因此不必斤斤计较，刻意追逐。

敬贤禅师的弟子喜欢画画。在经过一段时间的苦练之后，他想画出一幅人人见了都喜欢的画。画完了，他拿到市场上去展出。画旁放了一支笔，并附上说明："每一位观赏者，如果认为此画有欠佳之笔，均可在画中标上记号。"

晚上，小和尚取回了画，发现整个画面都被涂满了记号——没有一笔一画不被指责。小和尚十分不快，对这次尝试深感失望。敬贤禅师让他换一种方法去试试。

小和尚又摹了一张同样的画，拿到市场上展出。

可这一次，按照师父的建议，他要求每位观赏者将其最为欣赏的妙笔都标上记号。当小和尚再取回画时，他发现画面又被涂遍了记号。一切曾被指责的笔画，如今却都换上了赞美的标记。敬贤禅师问弟子："通过这件事，我们可以悟出什么？"

"师父！"小和尚不无感慨地说，"我觉得我发现了一个奥妙，那就是：我们不管干什么，只要使一部分人满意就够了。因为，在有些人看来是丑恶的东西，在另一些人眼里则恰恰是美好的。"

不必过于执着他人的眼光和看法，我们无论怎么做都无法让所有的人都满意，这时索性让自己满意就行了。人生路有多条，何必将自己逼进死胡同呢？

放下对外物的执着，才能让自己进退自如。常言道，天无绝人之路。上帝在关闭一扇门时，就会打开另一扇窗。在人生走到歧路或困境时，千万不要绝望灰心。因为正有另一条大路向我们展开坦途。人生有无数条路，条条大路通罗马。一条路走不通，那就换一条路来走。你人生最坏的结局，也不过就是大器晚成。

## 无论今天多么浑浊不堪，明天依旧会如约而至

幸运、成功只能属于努力的人，有恒心不易变动的人，能坚持到底、绝不轻言放弃的人。

耐性与恒心是实现目标过程中不可缺少的条件，是发挥潜能的必要因素。耐性、恒心与追求结合之后，形成了百折不挠的巨大力量。

一位青年问著名的小提琴家格拉迪尼："你用了多长时间学琴？"格拉迪尼回答："20年，每天12小时。"我们与大千世界相比，或许微不足道，但是我们能够耐心地增长自己的学识和能力，当我们成熟、一展所能的那一刻，将会有惊人的成就。正如布尔沃所说的："恒心与忍耐力是征服者的灵魂，它是人类反抗命运、个人反抗世界、灵魂反抗物质的最有力支持。从社会的角度看，考虑到它对种族问题和社会制度的影响，其重要性无论怎样强调也不为过。"

　　凡事没有耐性，耐不住寂寞，不能持之以恒，正是很多人最后失败的原因。英国诗人布朗宁写道：

　　　　实事求是的人要找一件小事做，

　　　　找到事情就去做。

　　　　空腹高心的人要找一件大事做，

　　　　没有找到则身已故。

　　　　实事求是的人做了一件又一件，

　　　　不久就做了一百件。

　　　　空腹高心的人一下要做百万件，

　　　　结果一件也未实现。

　　拥有耐性和恒心，虽然不一定能使我们事事成功，但却绝不会令我们事事失败。古巴比伦富翁拥有恒久财富的秘诀之一，便是保持足够的耐心，坚定发财的意志，所以他才有能力建设自己的家园。任何成就都来源于持久不懈的努力，要把人生看作一场持久的马拉松。整个过程虽然很漫长、很劳累，但在挥洒汗水的时候，我们已经慢慢接近了成功的终点。半路放弃，我们就必须要找到新的起点，那样我们只会更加迷失，可是如果能坚持原路行进，终点不会弃我们而去。也许，我们每个人的心里都有一个执着的愿望，只是一不小心把它丢失在了时间的蹉跎里，让天下间最容易的事变成了最难的事。然而，天下事最难的不过十分之一，能做成的有十分之九。要想成就大事大业的人，尤其要有恒心来成就它，要以坚忍不拔的毅力、百折不挠的精神、排除纷繁复杂的耐性、坚贞不变的气质，作为涵养恒心的要素，去实现人生的目标。

## 谁的人生没有输赢，有路就好

聪明的人把"退"看成"进"的一种，他们懂得迂回取胜，步步紧逼不一定是最佳的成功方法。以退为进是一种智谋，把进退看透的人，明白短暂的退让是前进的序曲，适当的退是为了更好地进。

李渊任太原留守时，突厥兵时常来犯。突厥兵能征善战，李渊领兵与之交战，败多胜少，于是视突厥为不共戴天之敌。一次，突厥兵又来进犯，下属都以为李渊这次会与突厥决一死战，可李渊另有打算。他早就想起兵反隋，可太原虽是军事重镇，却不足为号令天下之地，而他又不能失去这个根据地。如果离开太原西进，则不免将一个孤城留给突厥。经过一番思考，李渊派刘文静为使臣，向突厥称臣，书中写道："欲大举义兵，远迎圣上，复与贵国和亲，如文帝时故例。大汗肯发兵相应，助我南行，幸勿侵暴百姓，若但欲和亲，坐受金帛，亦唯大汗是命。"

有利可图的始毕可汗不仅接受了李渊的妥协，还为李渊送去了不少马匹及士兵，增强了李渊的战斗力。而李渊留下第三子李元吉固守太原，由于没有受到突厥的侵袭，李渊得以不断从太原得到给养，最后终于战胜了隋炀帝杨广，建立了大唐王朝。而唐朝建立之后，在唐朝军队的打击下，突厥不得不向唐朝乞和称臣。

试想一下，如若李渊为逞一时之快而贸然攻击突厥，那么不仅自己的力量会受损，而且后方也会遭受威胁。贸然"前行"必然葬送自己的前程，而暂时的退让并没有让他损失什么，还为他带来了马匹和士兵，为以后的大业储蓄了力量。

从处理事务的步骤来看，退却是进攻的第一步。现实中我们常会见到这样的事，双方争斗，各不相让，最后小事变为大事，大事转为祸事，这些往往导致问题不能解决，落得两败俱伤的结果。其实，如果采取较为温和的处理方法，先退一步，使自己处于比较有利的地位，待时机成熟，便可以退为进，成功达到自己的目的了。

英国的皮鞋商托马斯有一次受印度尼西亚一位皮鞋制造商的委托，到巴黎去开辟市场。此前，他已经对有关情况进行了了解。他认为这种皮鞋质量上乘、款式别致，一定会受到法国消费者的欢迎，在巴黎市场上走俏。因此，他愉快地接受了任务。

一到巴黎，他就立即去见皮鞋销售商奥斯卡丽有限公司的总裁密特朗先生。他深知密特朗先生是个商场老手，城府极深，便决定采取装憨卖傻、先退后进的办法。

果然，密特朗先生极难对付，一开始洽谈就拼命杀价，在订立契约的时候，又把价钱杀到了最低。等到交货的时候，他又趁机第三次杀价，并要求分期付款。面对密特朗的步步进逼，托马斯先是一步一步地退让，满足密特朗的要求，无形中麻痹了这位总裁的思想，使他误认为托马斯是刚"上道"的"愣头青"，放松了警惕。契约签订后，货物运来的时候，密特朗依旧把托马斯当作毛头小子，再次杀价。

谁知托马斯一反常态，坚决地说了个"不"字，并提出按先前的契约规定，他有理由向密特朗索赔。直到这时，密特朗才知道自己小看了托马斯，中了他的圈套，但此时已无力回天，密特朗不得不按托马斯的要求接受了这批货物。由于这些皮鞋物美价廉，正如托马斯所料，很快就风行法国，并且在欧洲市场站稳了脚跟。

在当今竞争激烈的社会中，每个人都想打败对手，最大限度地赢得胜利，那么，采用何种策略才能击败对手呢？以退为进无疑是一条妙计。

## 一切都将安好，即使一切不如预期

"无论什么，只要你在活着的时候应付不了生活，就应该用一只手挡开点儿笼罩着你的生活的绝望……但同时，你可以用另一只手，草草记下你在废墟中看到的一切，因为你和别人看到的不同，甚至更多。"1921 年 10 月 19 日，德国小说家卡夫卡在他的《日记》中写下了这段话。这位长期生活在痛苦和孤独之中的伟大文学家用左手挥去"一战"前后弥漫的硝烟，用右手写下了传世的文字。

人生并非一切尽如人意，我们常常感受到生活中太多难以排解的无奈和缺憾。也许是梦想得不到实现，也许是得到的离你所期待的相去甚远，但是我们总是能够在这样的无奈中坚持着，我们承认自己的平凡，却不曾放弃追求，哪怕只是瞬间的完美。

外在遭遇受制于外在因素，非自己所能支配，所以不应成为人生的主要目标。真正能支配的唯有对一切外在遭遇的态度。内在生活充实的人仿佛有另一个更高的自我，能与身外遭遇保持距离，对变故和挫折持适当态度，心境不受尘世祸福沉浮的扰乱。

一样东西，如果你太想要，就会把它看得很大，甚至大到成了整个世界，占据了你的全部心思。一个人一心争利益，或者一心创事业的时候，都会出现这种情况。我的劝告是，最后无论你是否如愿以偿，都要及时从中跳出来，如实地看清它在整个世界中的真实位置，亦即它在无限时空中的微不足道。这样，你得到了不会忘乎所以，没有得到也不会痛不欲生。

生命中的许多东西都是可遇而不可求的，因为生命就是偶然和必然相互交织的机缘，也是内心得自由的体现。生命放达，内心自由，首先就要拥有一颗纯净飘逸的心，如白云般随风漂泊，安闲自在，并能在生活中做到事来时不惑，事去时不留，保有最真切的一份心境。

很多修行者所怀抱的心境恰如一片和风煦日，没有狂风暴雨，所体验的世界正是光天化日，没有黑暗罪恶。当然，并不是说修行者生活的世界没有狂风暴雨和黑暗罪恶，而是说修行者的心不受外在环境的影响，永远安详、慈悲、寂静。所以，不论面对什么样的世界，修行者的心境始终能自在安闲。

也许是现代生活过于复杂多样，人们的烦恼较前人多了。因此，许多人都在探讨烦恼的来源，从某个角度看，来源其实只有一个，不愿顺其自然，不愿接受冥冥之中的安排。佛家则认为人之所以产生烦恼是由于我们对某物的执着和放不下，我们总是希望事情按照我们的意愿去发展，现实却正好相反，但我们依然执着于当初的意愿，这便产生了所谓的"烦恼"。

白石老人有一把飘然若仙的美髯，每天晚上睡觉时，他对长髯如何放置一向是顺其自然的：或安于被内，或露于被外，悉听尊便。

但是，有一天，一个友人突然问他："你将长髯放在哪里睡觉更舒服？"

从那以后，白石老人在晚上睡觉时就开始琢磨长髯摆放的最佳位置。

这一琢磨，白石老人竟觉得长髯无论放哪儿都不再舒适。

结果，一向睡眠挺好的白石老人，竟被那美髯的位置折腾得彻夜不眠。

故事中的白石老人开始在意美髯摆放位置之时就等于给自己套上了桎梏，再也寻不回以前那种安然的心境了。所以我们说，顺其自然不仅是一种境界，更是一种智慧，很多时候刻意的雕琢反而是意味着一种累、一种束缚。

还有一个小故事也同样说明了倘若我们去刻意雕琢或者追求，就会给自己套上脚镣和手铐，最终导致与我们的初衷完全相反的结局。

蜈蚣一向爬得挺好看的，可是有一天，一位美学家建议说："为了爬得更好看，当您向前迈出左侧第十二条腿时，一定要注意右侧第十六条腿是怎样配合的。"蜈蚣采纳了这个建议，开始注意这一"美学原则"，可是，这么一注意，这条"百足之虫"，竟再也不好路了。

"命里有时终须有，命里无时莫强求。"生活中有许多东西是可遇而不可求的，有时能有某种体验就足够了，又何必强求，何必造作呢？不完美的人生才是最真实的人生。正如徐志摩所说："得之我幸，不得我命，如此而已。"这才是我们应该追求的生活态度。

很多时候，痛苦和悲哀都是来源于自己的心。一个人若太过执着，自然会迷失在欲望的丛林中，分辨不出正确的方向。若身在闲处，远离尘扰，心如水般清澈，如月光般轻盈，如莲花般纯净，才能拥有快乐的心境，拥有单纯的幸福。

人生只有短短几十载，浪费如此宝贵的时间去愁一些根本无关痛痒、难以发生的小事，实在是很不值得的。所以，把精力用在值得的地方吧，生命太短暂了，不该让忧虑来消耗它。

人生中的许多事情，即使在过程中并未如你所预期般发展，最后也会按部就班地走向终点。"一切都将安好"，在自己为未来的未知感到紧张和焦虑的时候，轻轻地告诉自己。

## 善于等待的人，一切都会及时到来

在现实生活中，常有人犯浮躁的毛病。他们做事情往往既无准备，又无计划，只凭脑子一热、兴头一来就动手去干。他们不是循序渐进地稳步向前，而是恨不得一锹挖成一眼井，一口吃成个胖子。结果必然是事与愿违，欲速则不达。

古时候有兄弟二人，很有孝心，每日上山砍柴卖钱为母亲治病。神仙为了帮助他们，便教他们二人，可用4月的小麦、8月的高粱、9月的稻、10月的豆、12月的雪，放在千年泥做成的大缸内密封49天，待鸡叫3遍后取出，汁水可卖钱。兄弟二人各按神仙教的办法做了一缸。待到49天鸡叫2遍时，老大耐不住性子打开缸，一看里面是又臭又黑的水，便生气地洒在地上。老二坚持到鸡叫3遍后才揭开缸盖，里边是又香又醇的酒，所以"酒"与"洒"字差了一小横。

当然，酒字的来历未必是这样。但这个故事却说明了一个深刻的道理：成功与失败，平凡与伟大，两者之间的距离往往就在一步之间，咬紧牙关向前迈一步就成功了；停住了，泄气了，只能是前功尽弃。这一步就是韧劲的较量，是意志力的较量。

社会中许多新鲜的外来事物都纷纷涌了进来。花花世界的花花事物，难免会对人产生极大的诱惑，而这极大的诱惑，会使人变得浮躁。许多人会想，我为什么不能拥有这些东西呢？别人可以拥有，我为什么不可以呢？

在这样的心态之下，他就浮躁起来，很想自己一下子能取得那么多物质上的东西，享受到自己以前享受不到的东西。

可是，事情就是这样，你越着急，就越不会成功。因为着急会使你失去清醒的头脑，在你的奋斗过程中，浮躁占据着你的思维，使你不能正确地制定方针、策略以稳步前进。结果自然适得其反。

许多年轻人就是这样，给自己确立了"3年计划""5年计划"，下定决心要在3年内赚3000万，5年内成为一个亿万富豪。这些年轻人之所以制订这样的计划，也许是因为他们心目中的学习榜样是那些亿万富翁。可他们这个时候却忘了，亿万富翁之所以成功，不是靠什么3年计划、5年计划，而是一步一个脚印，通过几十年而绝不仅仅是几年的奋斗得来的，而他们的奋斗也是充满了艰辛与坎坷的。这些艰辛与坎坷，我们现在说起来好像挺轻松，而在当时，是一天一天、一小时一小时、一分一分、一秒一秒地挨过来的。对这分分秒秒的艰辛与坎坷的体味，需要多大的毅力与意志！一个浮躁的人，是不会这么细心地去品味这些滋味的；也许，他们一尝到这样的滋味，就马上退却了。而作为一个稳健的人，他深知：这样的苦难是必定要经受的，只有经受这些苦难才能赢得最终的甜美。

一个不浮躁、稳健的人，通常也是一个不断地要求自己、完善自己、使自己不断适应时代与社会变革的人。也只有这样的人，才是最终会取得成功的人。

在这里，浮躁与稳健对于一个人成败的影响一目了然。

只有不浮躁，才会吃得起成功路上的苦。

只有不浮躁，才会有耐心与毅力一步一个脚印地向前迈进。

只有不浮躁，才会制定一个接一个的小目标，然后一个接一个地实现它，最后走向大目标。

只有不浮躁，才不会因为各种各样的诱惑而迷失方向。

## 有信念的人，永远不会被命运辜负

我们常把信念看成是一个信条，以为它只能在口中说说而已。但是从最基本的观点来看，信念是一种指导原则和信仰，让我们明了人生的意义和方向，是人人可以支取且取之不尽的；信念像一张早已安置好的滤网，过滤我们所看到的世界；信念也像脑子的指挥中枢，指挥我们的脑子，照着我们所相信的，去看事情的变化。

斯图尔特·米尔曾说过："一个有信念的人所发出来的力量，不亚于99位仅心存兴趣的人。"这也就是为何信念能开启卓越之门的缘故。

若能好好控制信念，它就能发挥极大的力量，开创美好的未来。

可以说，信念是一切奇迹的萌发点。

在诺曼·卡曾斯所写的《病理的解剖》一书中，说了一则关于20世纪最伟大的大提琴家之一——卡萨尔斯的故事。这是一则关于信念的故事，相信你我都会从中得到启示。

他们会面的日子，恰在卡萨尔斯90大寿前不久。卡曾斯说，他实在不忍看那老人所过的日子。他是那么衰老，加上严重的关节炎，不得不让人协助穿衣服。呼吸很费劲，看得出患有肺气肿；走起路来颤颤巍巍，头不时地往前颠；双手有些肿胀，十根手指像鹰爪般地勾曲着。从外表看来，他实在是老态龙钟。

就在吃早餐前，他走近钢琴，那是他最擅长的几种乐器之一。他很吃力地坐上钢琴凳，颤抖着把那勾曲肿胀的手指放到琴键上。霎时，神奇的事发生了。卡萨尔斯突然像完全变了个人似的，显出飞扬的神采，而身体也开始活动并弹奏起来，仿佛是一位神采飞扬的钢琴家。卡曾斯描述说："他的手指缓缓地舒展移向琴键，好像迎向阳光的树枝嫩芽，他的背脊直挺挺的，呼吸也似乎顺畅起来。"弹奏钢琴的念头完完全全地改变了他的心理和生理状态。当他弹奏巴赫的《钢琴平均律》一曲时，是那么纯熟灵巧，丝丝入扣。随之他奏起勃拉姆斯的协奏曲，手指在琴键上像游鱼一样轻快地滑着。"他整个身子像被音乐溶解，"卡曾斯写道，"不再僵直和佝偻，代之的是柔软和优雅，不再为关节炎所苦。"

在他演奏完毕，离座而起时，跟他当初就座弹奏时全然不同。他站得更挺，看起来更高，走起路来双脚也不再拖着地。他飞快地走向餐桌，大口地吃着饭，然后走出家门，漫步在海滩的清风中。

这就是信念的力量，一个有着坚强信念的人，即使衰老和病魔也不能打败他。用信念支撑你的行动，就能健步向前，拥有一个充实的人生。

第二章

所有糟糕的境遇，
都只是美好的转折

## 这个世界，没你想的那么糟

在那些经历过黑暗，并走出黑暗的人心里有着不可磨灭的痕迹。然而，那些悲伤、那些苦痛、那些坎坷都是一笔可贵的财富，若能正确且欣然地接受它们，它们就能在你身上发挥出巨大的作用。没有经历过黑暗的人，不会看到光明的可贵；没有经历过苦楚的人，内心之中不能升华出伟大的情操。只有那些真正经历过哀伤的人，才能在重压之下变得更加坚强、更加勇敢。

莲娜是个不幸的孩子，10岁时母亲因病去世，由于父亲是一个长途汽车司机，经常不在家，也无法给莲娜提供正常的生活所需。因此，莲娜自从母亲过世以后，就必须自己洗衣做饭，照顾自己。

即使这样，老天爷也并没有特别关照她。当她17岁时，父亲在工作中不幸因车祸丧生。从此，莲娜再也没有亲人能够倚靠了。

可是，噩梦还没有结束，在莲娜走出悲伤，开始独立养活自己时，却在一次工程事故中失去了左腿。

然而，一连串的意外与不幸，反而让莲娜养成了坚强的性格。她独立面对随之而来的生活不便，也学会了使用拐杖，即使不小心跌倒，她也不愿伸手请求人们帮忙。

最后，她将所有的积蓄算了算，正好足够开一个养殖场。但老天爷似乎真的存心与她过不去，一场突如其来的大水，将她的最后一丝希望都夺走了。

莲娜终于忍无可忍了，她气愤地来到神殿前，怒气冲冲地责问上帝："你为什么对我这么不公平？"

上帝听到责骂，现身后满脸平静地反问："哪里不公平呢？"

莲娜将她的不幸，一五一十地仔细说给上帝听。

上帝听完了莲娜的遭遇后，又问："原来是这样啊！的确很凄惨，那么，你干吗还要活下去呢？"

莲娜听到上帝这么嘲讽她，气得颤抖地说："我不会死的！我经历了这么多不幸的事，已经没有什么能让我感到害怕。总有一天我会靠着自己的力量，创造自己的幸福！"

上帝这时转身朝向另一个方向。"你看！"他对莲娜说，"这个人生前比你幸运许多，他可以说是一路顺风地走到生命的终点。不过，他最后一次的遭遇却和你一样，在那场洪水里，他也失去了所有的财富。不同的是，他之后便绝望地选择了自杀，而你却坚强地活了下来。"

正是悲惨的生活成就了莲娜的坚强，所以生活的悲哀并不仅仅如同表象展示出来的那样，带给我们的伤痛，是在用另一种方式来完善我们的精神。

我们沉下心来，静静地品味那些生命中的黑暗时刻，你会发现，正是这些黑暗，让你明白世界的美好，也让你更懂得珍惜这种美好。

如果你怕黑，那么就请准备一束光吧，时刻放在心里面，藏在眼里面，当黑暗真的来临时，就用这束光把黑暗照亮。树木的芽，会在被切除树干的地方生长出来。心中的热爱与希望，会在挫败与困顿的地方加倍滋长。

在这个纷杂的世界，我们每个人都会经历失败，但这并不是一件坏事。不经过挫折或严重创伤，我们的人生是不丰富的，思想是不会逐渐变得成熟的。创伤带来的最大转机，是强迫我们找到一个目标。有时，正是这些挫伤本身指引着人们去追寻目标。

一位哲人说："一旦有了特定的目标，你已经成功了一半。"这话一点都不错，罗杰就是在明确了特定目标后，把梦想实现，创造了一个美好的未来。

罗杰是重度残障者：他没有左手臂，右手只有两根手指；左脚有三根脚趾，右脚掌则遭切除。但他却参加了各种各样的体育比赛，他的事迹在当地深受人们敬佩，之后又被一些大学邀请前去演讲，后来，他成为了一个广受邀约的励志演讲者。

他讲起话来慢条斯理、从容不迫，又有幽默感。听众都很专注，但这并非因为罗杰是一个严重的残障者，而是因为他分享了许多了不起的智慧。只要他一开口，听众就被深深吸引。正如他说："生命的悲剧不在于没有达到目标，而在于没有目标可以达成。"

当人们得知他是某网球协会的教练，同时，还获得了某知名大学的学士学位，就有听众问他是如何做到这一切的。他说："每个人都可以不同凡响，但你首先得去做不同凡响的事。"

罗杰是一个遭遇严重创伤的人，在经历过一切后，他感到自己很快乐、很满足。因为对他而言，每一天的生活都代表了一个新的挑战与新的目标。缺乏目标对于任何人来说，就像一艘失去动力的船，在海上随波逐流。

试问一下，如果人生有如航行，我们当中有多少人知道目的地？有多少人知道他们的方向或航点在哪里？大部分从学校毕业的人，甚至连自己要做什么工作都搞不清楚，这才是生命真正的悲剧。有太多的人只是在讨生活，而非过生活。有时候，需要发生一场危机，甚至是重创，才会让我们停止随波逐流，开始有目的地过日子。

人生中，快乐带给我们愉悦，痛苦则带给我们回味。光明让我们如常地行走，黑暗却让我们停下脚步，品味世间至美。

## 人生漫漫，不妨停下来看看风景

想想看，你这一生是怎么度过的：年轻的时候，你拼了命地学习，想挤进一流的大学；随后，你巴不得赶快毕业，找一份好工作；接着，你迫不及待地结婚、生小孩；然后，你又整天盼望小孩快点长大，好减轻你的负担；后来，孩子长大了，你又恨不得赶快退休，催着孩子结婚生子，好让你含饴弄孙，颐养天年；最后，你真的退休了，不过，你也老得几乎连路都走不动了……当你正想停下来好好喘口气的时候，生命也快要结束了。

当生命走向尽头的时候，你问自己一个问题：你对这一生觉得了无遗憾吗？你认为想做的事你都做了吗？你有没有开怀地笑过、真正快乐过？

其实，这不就是大多数人的写照吗？他们劳碌了一生，时时刻刻为生命担忧，为未来做准备，一心一意计划着以后发生的事，却忘了把眼光放在"现在"，等到时间一分一秒地溜走，才恍然大悟"时不我予"。

看看我们的生活状况，总是"期待"，总是"迫不及待"，让自己陷入一种不安和困惑之中，不得宁静和快乐。而世事无常，所有的一切真的能完全如我们所期待的吗?

宇宙万物也有各自的生存法则,就像水随地势起伏而流淌,不会刻意地选择流经的路线;云因风的起落而飘动,不会刻意地抗拒或聚或散;花朵随四季的变迁而轮回,不会刻意地回避凋零与枯萎。它们都是自由的,都有着苍天大地赋予其关于顺其自然的奥义。这个道理,我们还可以从一粒小小的草籽中去感知:

在三伏天里,禅院的草地已经是一片枯黄。

"师父,咱们快撒点草籽吧!这样的草地好难看啊。"小和尚说。

"等天凉了吧。"师父挥挥手,"随时!"

中秋的时候,师父买了一包草籽,让小和尚拿去撒籽儿。

秋风起,草籽边撒边飘向远处。

"师父,不好了!好多草籽都被风吹飞了。"小和尚喊道。

"没关系,会被吹走的多半是空的,即使撒下去也发不了芽。"师父说,"随性!"

草籽刚撒完,小和尚就看见几只小鸟飞来啄食。

"师父,要命了!好多草籽都被鸟儿吃了!"小和尚急得直跳脚。

"没关系!种子多,鸟儿吃不完的!"师父说,"随遇!"

一天半夜迎来了一场疾风骤雨,小和尚一大早就冲进禅房:"师父,这下全完了!好多草籽被雨水冲走了!"

"冲到哪里,就会在哪里发芽。"师父说,"随缘!"

转眼一个星期过去了,原来光秃秃的地面,居然长出了许多嫩绿的草苗,一些原来没播种的角落,也泛出了绿意。

小和尚看到后,高兴得拍起手来。

师父点点头:"随喜!"

这个故事告诉我们,那些刻意强求的东西或许我们一辈子都得不到,而很多不曾被期待的东西往往会不期而至。生活并不需要无谓的执着,没有什么不能被真正割舍。放下时不执着于放下,自在;拿起时不执着于拿起,也自在。

而事实上,大多数的人都无法专注于"现在",他们总是若有所想,心不在焉,想着明天、明年甚至下半辈子的事。假若你时时刻刻都将力气耗费在未知的未来，却对眼前的一切视若无睹，你永远也不会得到快乐。

一位作家这样说过："当你存心去找快乐的时候，往往找不到，唯有让自己活在'现在'，全神贯注于周围的事物，快乐才会不请自来。"或许人生的意义，不过是嗅嗅身旁每一朵绚丽的花，享受一路走来的点点滴滴而已。毕竟，昨日已成历史，明日尚不可知，只有"现在"才是上天赐予我们最好的礼物。

许多人喜欢预支明天的烦恼，想要早一步解决掉明天的烦恼。其实，明天如果有烦恼，你今天是无法解决的，每一天都有每一天的人生功课要交，还是努力将今天的功课做好再说吧，别再给当下制造过多的痛苦和无谓的忧伤了。

希腊学者库里希坡斯曾说："过去与未来并不是'存在'的东西，而是'存在过'和'可能存在'的东西。唯一'存在'的是现在。"时间对任何一个人都是公平的，它不会因为你高兴而延长一秒钟，也不会因为你厌恶而缩短一分钟。而我们唯一能做的，就是珍惜当下的每一分、每一秒，不要将其白白地浪费掉。

生命是一种缘，是一种必然与偶然互为表里的机缘。有时候命运偏偏喜欢与人作对，你越是挖空心思想去追逐一种东西，它越是想方设法不让你如愿以偿。这时候，痴愚的人往往不能自拔，思绪万千，越想越乱，以致陷在了自己挖的陷阱里。而明智的人明白知足常乐的道理，他们会顺其自然，不去强求不属于自己的东西。

事实上，生活中有太多东西是不能强求的，那些刻意强求的东西或许我们终生都无法得到，而那些不曾期待的灿烂往往会在我们的淡泊从容中不期而至。因此，面对生活中的顺境与逆境，我们应当保持"随时""随性""随喜"的心态，顺其自然就可以一种从容淡定的平常心来面对人生种种悲欢离合，这也是对我们生命的最大尊重。

## 你所谓的低潮，恰是你突围的助力

在我们的生命中，有时候必须做出艰难的决定，然后才能获得重生。我们必须把旧的习惯、旧的传统抛弃，使我们可以重新飞翔。只要我们愿意放下旧的包袱，愿意学习新的技能，就能发挥我们的潜能，创造新的未来。

乔·路易斯，世界十大拳王之一，可以说是历史上最为成功的重量级拳击运动员，在长达12年的时间里，曾经有25名拳手败在他的拳下。

然而上学时，原名乔伊·巴罗斯的拳王却是同学嘲弄的对象。也难怪，放学后，别的18岁的男孩子进行篮球、棒球这些"男子汉"的运动，乔伊却要去学小提琴！这都是因为巴罗斯太太望子成龙心切。20世纪初，黑人还很受歧视，母亲希望儿子能通过某种特长改变命运，所以就送乔伊从小去学琴。那时候，对于一个普通家庭来说，每周50美分的学费是个不小的开销，但老师说乔伊有天赋，乔伊的妈妈觉得为了孩子的将来，省吃俭用也值得。

但同学不明白这些，他们给乔伊取外号叫"娘娘腔"。一天，乔伊实在忍无可忍，用小提琴狠狠砸向取笑他的家伙。一片混乱中，只听"咔嚓"一声，小提琴裂成两截儿——这可是妈妈节衣缩食给他买的。泪水在乔伊的眼眶里打转，周围的人一哄而散，边跑边叫："娘娘腔，拨琴弦的小姑娘……"只有一个同学既没跑，也没笑，他叫瑟斯顿·麦金尼。

别看瑟斯顿长得比同龄人高大魁梧，一脸凶相，其实他是个热心肠的人。虽然还在上学，但瑟斯顿已经连续两次获得底特律"金手套大赛"的冠军了。"你要想办法长出些肌肉来，这样他们才不敢欺负你。"他对沮丧的乔伊说。瑟斯顿不知道，他的这句话不但改变了乔伊的一生，甚至影响了美国一代人的观念。虽然日后瑟斯顿在拳坛没取得什么惊人的成就，但因为这句话，他的名字被载入拳击史册。

当时，瑟斯顿的想法很简单，就是带乔伊去体育馆练拳击。乔伊抱着摔坏的小提琴跟瑟斯顿来到了体育馆。"我可以先把旧鞋和拳击手套借给你，"瑟斯顿说，"不过，你得先租个衣箱。"租衣箱一周要50美分，乔伊口袋里只有妈妈给他这周学琴的50美分，不过琴已经坏了，也不可能马上修好，更别说去上课了。乔伊狠狠心租下衣箱，把小提琴放了进去。

开头几天，瑟斯顿只教了乔伊几个简单的动作，让他反复练习。一个礼拜快结束时，瑟斯顿让乔伊到拳击台上去，试着跟他对打。没想到，才第三个回合，乔伊一个简单的直拳就把"金手套"瑟斯顿击倒了。爬起来后，瑟斯顿的第一句话就是："小子，把你的琴扔了！"

乔伊没有扔掉小提琴，但他发现自己更喜欢拳击，每周50美分的小提琴课学费成了拳击课的学费，巴罗斯太太懊恼了一阵后，也只好听之任之。不久，乔伊开始参加比赛，渐渐崭露头角。为了不让妈妈为他担心，乔伊悄悄把自己的名字"乔伊·巴罗斯"改成了"乔·路易斯"。

5年以后，23岁的乔已经成为重量级世界拳王。1938年，他击败了德国拳手施姆林。但巴罗斯太太一直不知道人们说的那个黑人英雄就是自己"不成器"的儿子。

漫漫人生，人在旅途，难免会遇到荆棘和坎坷，但风雨过后，一定会有美丽的彩虹。任何时候都要抱着乐观的心态，任何时候都不要丧失信心和希望。失败不是生活的全部，挫折只是人生的插曲。虽然机遇总是飘忽不定，但朋友，只要你坚持，只要你乐观，你就能永远拥有希望，走向幸福。

## 痛苦割破了你的心，却掘出了生命的新水源

罗曼·罗兰曾说："只有把抱怨别人和环境的心情，化为上进的力量，才是成功的保证。"命运的挫折磨难，可以使人脆弱萎靡，也可以使人坚强冷静。学会忍耐，你就能够把握自己的命运。

无论你是位高权重，还是富甲一方，你都会遭遇折磨你的人，那么，当你面对这些折磨你的人的时候，你是忍耐并以不断改进自己来适应，还是怒不可遏，跟自己过不去？很显然，选择前者是明智之举。

艾柯卡是美国汽车业最为优秀的经营巨子，他曾任职于世界汽车行业的领头羊——福特公司。由于其卓越的经营才能，艾柯卡的地位不断高升，直到坐上了福特公司总裁的位置。

就在艾柯卡志得意满、事业如日中天的时候，福特公司的老板——福特二世出人意料地解除了艾柯卡的职务，原因是艾柯卡在福特公司的声望和地位已经超越了福特二世，他担心自己的公司有一天改姓为"艾柯卡"。

艾柯卡成了功高盖主的牺牲品。他一下从人生的辉煌顶点跌入了人生的低谷，他坐在自己的小办公室里思索良久，终于毅然而果断地下了决心，离开福特公司。

在离开福特公司之后，艾柯卡最终选择了美国第三大汽车公司——克莱斯勒公司。很多人都不理解艾柯卡，因为此时的克莱斯勒已是千疮百孔、濒临倒闭的

公司。想必除了这家风雨飘摇的企业，艾柯卡有很多更好的选择，因为这段时间有很多世界著名企业的头目都拜访过艾柯卡，希望他能重新出山，但艾柯卡一一谢绝。其实，艾柯卡心中只有一个目标，那就是："从哪里跌倒的，就要从哪里爬起来！"他要向福特二世和所有人证明，艾柯卡的确是一代经营奇才！

接管克莱斯勒公司后，艾柯卡进行了大刀阔斧的改革，辞退了 32 个副总裁，关闭了 16 个工厂，从而节省了公司很大的一笔开支。一方面，整顿后的企业规模虽然小了，但却更精干了。另一方面，艾柯卡仍然用那双与生俱来的慧眼，充分洞察人们的消费心理，把有限的资金都花在了刀刃上。根据市场需要，他以最快的速度推出新型车，从而逐渐与福特、通用三分天下，并最终创造了一个震惊美国的神话。

这时候，福特才开始后悔，但是为时已晚。1983 年，在美国的民意测验中，艾柯卡被推选为"左右美国工业部门的第一号人物"。1984 年，由《华尔街日报》委托盖洛普进行的"最令人尊敬的经理"的调查中，艾柯卡居于首位。同年，克莱斯勒公司盈利 24 亿美元。

一个折磨你的人，却往往是成就你的人。的确，你只有感谢曾经折磨过自己的人或事，才能体会出那实际上短暂而有风险的生命意义；你只有懂得宽容自己不可能宽容的人，才能看见自己目标的远阔，才能重新认识自己……

有所忍才能有所成，内圣才能外王，守柔才能刚强。要知横逆之来，不可便动气，先思取之之故，即得处之之法。

狂风暴雨往往摧残禾苗的生长，却也是它们结果的必然条件。当折磨你的人出现时，说明你的成功机遇已经来临。当然，这得需要你学会忍耐，接受那些肆意的折磨与侮辱，梅花香自苦寒来，只有耐得一时之苦，才会享受一世之甜。

## 绝望时，希望也在等你

苦难能毁掉弱者，同样能造就强者。因此，在任何时候都不要放弃希望。

罗勃特·史蒂文森说过："不论担子有多重，每个人都能支撑到夜晚的来临；不论工作多么辛苦，每个人都能做完一天的工作，每个人都能很甜美、很有耐心、很可爱、很纯洁地活到太阳下山，这就是生命的真谛。"确实如此，唯有流着眼泪吞咽面包的人才能理解人生的真谛。因为苦难是孕育智慧的摇篮，它不仅能磨炼人的意志，而且能净化人的灵魂。如果没有那些坎坷和挫折，人绝不会有这么丰富的内心世界。

有些人一遇挫折就灰心丧气、意志消沉，甚至用死来躲避厄运的打击，这是弱者的表现。可以说生比死更需要勇气，死只需要一时的勇气，生则需要一世的勇气。每个人的一生中都可能有消沉的时候，居里夫人曾两次想过自杀，奥斯特洛夫斯基也曾用手枪对准过自己的脑袋，但他们最终都以顽强的意志面对生活，并获得了巨大的成功。可见，一时的消沉并不可怕，可怕的是在消沉中不能自拔。

做一个生命的强者，就要在任何时候都不放弃希望，我们最终会等到光明来临的那一天。

城市被围，情况危急。守城的将军派一名士兵去河对岸的另一座城市求援，假如救兵在明天中午赶不到，这座城市就将沦陷。

整整两个时辰过去了，这名士兵才来到河边的渡口。

平时渡口这里会有几只木船摆渡，但是由于兵荒马乱，船夫全都避难去了。

本来他是可以游泳过去的，但是现在数九寒天，河水太冷，河面太宽，而敌人的追兵随时可能出现。

他的头发都快愁白了，假如过不了河，不仅自己会当俘虏，整个城市也会落在敌人手里。万般无奈，他只得在河边静静地等待。

这是他一生中最难熬的一夜，他觉得自己就快要被冻死了。

他真是走投无路了。自己不是冻死，就是饿死，要么就是落在敌人手里被杀死。

更糟的是，到了夜里，刮起了北风，后来又下起了鹅毛大雪。

他冻得瑟缩成一团，他甚至连抱怨自己命苦的力气都没有了。

此时，他的心里只有一个念头：活下来！

他暗暗祈求："上天啊，求你再让我活一分钟，求你让我再活一分钟！"也许他的祈求真的感动了上天，当他气息奄奄的时候，他看到东方渐渐发亮。等天亮时，他惊奇地发现，那条阻挡他前进的大河上面已经结了一层冰。他往河面上试着走了几步，发现冻冻得非常结实，完全可以从上面走过去。

他欣喜若狂，牵着马从上面轻松地走过了河面。

## 幸好在那些艰难的日子里，你没有妥协

心界决定一个人的世界。只有渴望成功，你才能有成功的机会。

《庄子》开篇的文章是"小大之辩"。说北方有一个大海，海中有一条叫作鲲的大鱼，宽几千里，没有人知道它有多长。鲲化为鸟叫作鹏。它的背像泰山，翅膀像天边的云，飞起来，乘风直上九万里的高空，超绝云气，背负青天，飞往南海。

蝉和斑鸠讥笑说："我们愿意飞的时候就飞，碰到松树、檀树就停在上边。有时力气不够，飞不到树上，就落在地上，何必要高飞九万里，又何必飞到那遥远的南海呢？"

那些心中有着远大理想的人常常不能为常人所理解，就像目光短浅的麻雀无法理解大鹏鸟的志向，更无法想象大鹏鸟靠什么飞往遥远的南海。因而，像大鹏鸟这样的人必定要比常人忍受更多的艰难曲折，忍受心灵上的寂寞与孤独。因而，他们必须要坚强，并把这种坚强潜移到他们的远大志向中去，这就铸成了坚强的信念。这些信念熔铸而成的理想将带给像大鹏鸟一样的人一颗伟大的心灵，而成功者正脱胎于这些伟大的心灵。

本·侯根是世界上最伟大的高尔夫选手之一。他并没有其他选手那么好的体能，能力上也有一点儿缺陷，但他在坚毅、决心，特别是追求成功的强烈愿望方面高人一筹。本·侯根在玩高尔夫球的巅峰时期，不幸遭遇了一场灾难。

在一个有雾的早晨，他跟太太维拉丽开车行驶在公路上，当他在一个拐弯处掉头时，突然看到一辆巴士的车灯。本·侯根想这下可惨了，他本能地把身体挡在太太前面保护她。这个举动反而救了他，因为方向盘深深地嵌入了驾驶座。事后他昏迷不醒，过了好几天才脱离险境。医生们认为他的高尔夫生涯从此结束了，甚至断定他若能站起来走路就很幸运了。

但是他们并未将本·侯根的意志与决心考虑进去。他刚能站起来走几步，就渴望恢复健康再上球场。他不停地练习，并增强臂力。起初他还站得不稳，再次回到球场时，也只能在高尔夫球场蹒跚而行。后来他稍微能工作、走路，就走到高尔夫球场练习。开始只打几球，但是他每次去都比上一次多打几球。最后，当

他重新参加比赛时，名次上升得很快。

理由很简单，他有必赢的强烈愿望，他知道他会回到高手之列。是的，普通人跟成功者的差别就在于有无这种强烈的成功愿望。成功学大师卡耐基曾说："欲望是开拓命运的力量，有了强烈的欲望，就容易成功。"因为成功是努力的结果，而努力又大多产生于强烈的欲望。正因为这样，强烈的创富欲望，便成了成功创富最基本的条件。如果你不想再过贫穷的日子，就要有创富的欲望，并让这种欲望时时刻刻激励你，让你向着这一目标坚持不懈地前进。许多成功者都有一个共同的体会，那就是创富的欲望是创造和拥有财富的源泉。

20世纪人类的一项重大发现，就是认识到思想能够控制行动。你怎样思考，你就会怎样去行动。你要是强烈渴望致富，你就会调动自己的一切能量去创富，使自己的一切行动、情感、个性、才能与创富的欲望相吻合。

对于一些与创富的欲望相冲突的东西，你会竭尽全力去克服；对于有助于创富的东西，你会竭尽全力地去扶植。这样，经过长期努力，你便会成为一个富有者，使创富的愿望变成现实。相反，要是你创富的愿望不强烈，一遇到挫折，便会偃旗息鼓，将创富的可能压抑下去。

保持一颗渴望成功的心，你就能获得成功。

## 只要心中有光，就不惧怕黑暗

多年以前，美国有一家报纸刊登了一则园艺所重金征求纯白金盏花的启事，在当地轰动一时。高额的奖金让许多人纷至沓来，但在千姿百态的自然界中，金盏花除了金色的就是棕色的，培植出白色的，不是一件易事。所以许多人一阵热血沸腾之后，就把那则启事抛到九霄云外去了。

一晃就是20年，一天，那家园艺所意外地收到了一封热情的应征信和一粒纯白金盏花的种子。当天，这消息就不胫而走，引起轩然大波。

寄种子的是一个年逾古稀的老人。老人是一个地地道道的爱花人。20年前当她偶然看到那则启事后，便怦然心动。她不顾8个儿女的一致反对，义无反顾地干了下去。她撒下了一些最普通的种子，精心侍弄。一年之后，金盏花开了，她从那些金色的、棕色的花中挑选了一朵颜色最淡的，任其自然枯萎，以取得最好的种子。次年，她又把它种下去。然后，再从这些花中挑选出颜色最淡的花种栽种……日复一日，年复一年。终于，20年后的一天，她在那片花园中看到一朵金盏花，它不是近乎白色，也并非类似白色，而是如银如雪的白。一个连专家都解决不了的问题，在这位不懂遗传学的老人手中迎刃而解，这不是奇迹吗？

## 先把失败看重，再把它看轻

曾经有人做过分析后指出，成功者成功的原因，其中很重要的一条就是"随时纠正自己的错误"。一个渴望成功、渴望改变现状的人，绝对不会因一个错误而停止前进的脚步，他必定会找出成功的契机，继续前进。

一位老农场主把他的农场交给一位外号叫"错错"的雇工管理。

农场里有位堆草垛高手心里很不服气，因为他从来都没有把错错放在眼里。他想：全农场哪个能够像我那样，一挑杆子，草垛便像中了魔似的不偏不倚地落到预想的位置上？回想错错刚来农场那会儿，连杆子都拿不稳，掉得满地都是草，有时甚至还砸在自己的头上，非常可笑。等他学会了堆草垛，又去学割草，留下歪歪斜斜、高高低低一片狼藉。别人睡觉了，他半夜里去了马房，观察一匹病马，说是要学学怎样给马治病。为了这些古怪的念头，错错出尽了洋相，不然怎么叫他"错错"呢？

老农场主知道堆草垛高手的心思，邀请他到家里喝茶聊天。老农场主问："你可爱的宝宝还好吗？平时都由他的妈妈照顾吧？"高手点点头，看得出来他很喜欢他的孩子。老人又说，"如果孩子的妈妈有事离开，孩子又哭又闹怎么办呢？""当然得由我来管他啦。孩子刚出生那阵子真是手忙脚乱，不过现在好多了。"高手说。

老人叹了一口气，说："当父母可不易。随着孩子的渐渐长大，你需要考虑的事情还有很多，不管你愿意不愿意，因为你是父亲。对我来说，这个农场也就是我的孩子，早年我也是什么都不懂，但我可以学，也经过了很多次的失败，就像错错那样，经常遭到别人的嘲笑。"

话说到这个节骨眼上，堆草垛高手领会了老人的用意，神情中露出愧色。

现在人们开始认同另一种说法：成功，就是无数个"错误"的堆积。错误是这个世界的一部分，与错误共生是人类不得不接受的命运。

错误并不总是坏事，从错误中汲取经验教训，再一步步走向成功的例子也比比皆是。因此，当出现错误时，我们应该像有创造力的思考者一样了解错误的潜在价值，然后把这个错误当作垫脚石，从而产生新的创意。事实上，人类的发明史、发现史到处充满了错误假设和错误观点。哥伦布以为他发现了一条到印度的捷径；开普勒偶然间得到行星间引力的概念，他这个正确的假设正是从错误中得到的；爱迪生知道几千种不能用来制作灯丝的材料。

错误还有一个好处，它能告诉我们什么时候该转变方向。只有适时转变方向，才不会撞上失败这块绊脚石。

## 没有人能一路单纯到底，别忘了最初的自己

"生当作人杰，死亦为鬼雄。至今思项羽，不肯过江东。"这是著名的女词人李清照赞颂西楚霸王项羽的一首诗，诗中虽然充满了豪情，但却难免给人英雄气短的感觉。试想一下，如果当年项羽能够忍受一时的屈辱，过得江东之后重整人马，那么历史便很有可能被改写。

而他的对手刘邦，则将一个"忍"字发挥到了极致。刘邦为了将来的前程似锦，忍住浮华诱惑，锋芒暂隐，静待转机。这也许正是他最终胜出项羽的原因。咸阳城内王室发生的剧变，已经明显影响到了秦军的士气，恰逢刘邦招降，众士兵正中下怀，项羽这边听说刘邦西征军已经接近武关的消息，也颇为着急。章邯投降后，项羽不再有任何阻碍，率军火速攻向关中盆地的东边大门——函谷关。

十月，刘邦军团进至灞上。咸阳城已完全没有了防卫的能力，秦王子婴主动投降，秦王朝正式灭亡。

刘邦大军历尽千辛万苦终于进入咸阳，此时刘邦对日后称霸天下有了莫大的野心和信心。

同时，面对扑面而来的荣华富贵，喜好享乐的他，竟然一时忘乎所以，忍不住心动。想起年少时的狂言："大丈夫当如是也。"一切都这样不可思议的唾手可得。

但在张良等人的劝说下，为了长远的未来，刘邦忍下了享受的心。

一个"忍"字的功夫怎生了得，它成全了刘邦，是刘邦成就霸业不可多得的

秘密武器。而在民心方面，项羽明显不如刘邦。项羽嗜杀成性，不管对方是否投降，一律斩杀。他曾在一夜之间，设计歼害了二十万秦国降军。项羽因为此事而在秦国人民心中臭名昭著。

项羽残杀秦国兵士，刘邦却与秦地父老约法三章，谁是谁非，天下人自然明白。刘邦轻易为自己赢得了百姓的信任，项羽虽然勇猛，但是做一国之君的话，尚嫌粗莽。在这一点上，刘邦显然比项羽做得好。但是刘邦并非一忍再忍，还军灞上之后，仍对咸阳城念念不忘，从而犯下了一个致命的错误。

随后，刘邦在"鸿门宴"中更是将"忍"刻了心头。这一场心理战，决定了最后的结局。刘邦在得知项羽要进攻的时候，镇定地用谎言骗住了项羽，使得项羽留给了刘邦一条生路。而项羽始终是轻敌的，尤其忽视了刘邦这个手下部将。他认为以刘邦的兵力，绝对不是他的对手。但是刘邦不跟他斗勇，刘邦喜欢斗智。

这就注定了项羽的悲剧命运。就勇猛来说，项羽力拔山兮气盖世；就智慧来说，项羽也不乏胆识与聪明；就实力来说，项羽是一代霸王，有过众望所归的气势。然而就是一个不能忍，破坏了全部的计划，影响了最终的结局，可见，"忍"字的力量无穷无尽。

小不忍则乱大谋，忍人一时之疑，一时之辱，一方面是脱离被动的局面，同时是一种对意志、毅力的磨炼；另一方面，也为日后的发愤图强和励精图治奠定了一定的基础。而不能忍者，则要品尝自己急躁播下的苦果。

## 趁早把日子过得热气腾腾

生命的真正意义在于能做自己想做的事情。如果我们总是被迫去做自己不喜欢的事情，永远不能做自己想做的事情，那么我们就不可能拥有真正幸福的生活。可以肯定，每个人都可以并且有能力做自己想做的事，想做某种事情的愿望本身就说明你具备相应的才能或潜质。

为了生存，或许你不得不做自己不愿意做的事情，而且似乎已经习惯了在忍耐中生活。拿出你的魄力，做你想做的事情，放飞你心灵的自由鸟吧。

"知人者智，自知者明。"无论有多么困难，我们都应该找到自己内心深处真正需要的东西。甘愿迷失方向的人，他永远也走不出人生的十字路口。只有那些不愿随波逐流、不甘陈规束缚自己的人，才有勇气和魄力解除捆绑自己身心的绳索，找到自己想做的事情，并从中享受幸福的感觉。

冲破世俗的罗网，冲破内心的矛盾，真实地做一次自由的选择吧。生活本没有那么多的拘束，只是你自己不愿意改变现状，甘于这种无奈而已。

做自己想做的事情，这也是人生一大快事！

当然，做自己想做的事情在一定程度上要取决于你是否具备该行业所要求的特长。

没有出色的音乐天赋，很难成为一名优秀的音乐教师；没有很强的动手能力，就很难在机械领域游刃有余；没有机智老练的经商头脑，也很难成为一名成功的商人。

但是，即使你具备某种特长，也并不能保证你就一定能够成功。有些人具有非凡的音乐天赋，但是，他们一生却从未登上大雅之堂；有些人虽然手艺高超，却未能过上富裕的生活；有些人虽具有出色的人际交往和经商能力，但他们最终却是失败者。

在追求成功和致富的过程中，人所拥有的各种才能如同工具。好的工具固然必不可少，但是能否正确地使用工具同样非常重要。有人可以只用一把锋利的锯子、一把直角尺、一个很好的刨子做出一件漂亮的家具，也有人使用同样的工具却只能仿制出一件拙劣的产品，原因在于后者不懂得善用这些精良的工具。你虽然具备才能并把它们作为工具，但你必须在工作中善用它们，充分发挥其作用，方能天马行空，来去自由。

当然，如果你拥有某一个行业所需要的卓越才能，那么，从事这个行业的工作，你会比别人有更多的自由度。一般说来，处在能够发挥自己特长的行业里，你会干得更出色，因为你天生就适合干这一行。但是，这种说法具有一定的局限性。任何人都不应该认为，适合自己的职业只能受限于某些与生俱来的资质，无法做更多的选择。

做你想做的事，你将能获得最大的自由感。做你最擅长的事，并且勤奋地工作，当然这是最容易取得成功的。

如果你具有想做某件事情的强烈愿望，这本身就可以证明，你在这方面具有很强的能力或潜能。你所要做的，就是去正确地运用它，并且去巩固和发展它。

在其他所有条件相同的情况下，最好选择进入一个能够充分发挥自己特长的行业。但是，如果你对某个职业怀有强烈的愿望，那么，你应该遵循愿望的指引，选择这个职业作为你最终的职业目标。

做自己想做的事情，做最符合自己个性、令自己心情愉悦的事情，这是所有人的共同欲求。

谁都无权强迫你做自己不喜欢的事情，你也不应该去做不喜欢的事情，除非它能帮助你最终获得自己所求的结果。

如果因为过去的失误，导致你进入了自己并不喜爱的行业，处在不如意的工作环境中，在这种情况下，你确实不得不做自己并不想做的事情。

但是，目前的工作完全有可能帮助你最终获得自己喜爱的工作，认识到这一点，看到其中蕴藏的机遇，你就可以把从事眼下的工作变成一件同样令人愉悦的事情。

如果你觉得目前的工作不适合自己，请不要仓促换工作。通常来说，换行业或工作的最好方法，是在自身发展的过程中顺势而为，在现有的工作中寻找改变的机会。

当然，如果一旦机会来临，在审慎的思考和判断后，就不要害怕进行突然的、彻底的改变。但是，如果你还在犹豫，还不能得出明确的判断，那么，等条件成熟了，自己觉得有把握了再行动。

## 别让一次失败，成为一辈子的阴影

如果看看世界上那些成功人士的经历，就会发现，那些声震寰宇的伟人，都是在经历过无数次的失败后，又重新开始拼搏才获得最后的胜利。

帕里斯的成功之路是艰辛的。

1510 年，帕里斯出生在法国南部，他一直从事玻璃制造业，直到有一天看到一只精美绝伦的意大利彩陶茶杯。这一瞥，改变了他一生的命运。

"我也要造出这样美丽的彩陶。"这是他当时唯一的信念。

他建起煅炉，买来陶罐，打成碎片，开始摸索着进行烧制。

几年下来，碎陶片堆得像小山一样，可他心目中的彩陶却仍不见踪影，他甚至无米下锅了。迫不得已他只得回去重操旧业，挣钱来生活。

他赚了一笔钱后，又烧了3年，碎陶片又在砖炉旁堆成了大山，可仍然没有结果。

长期的失败使人们对他产生了看法。都说他愚蠢，连家里人也开始埋怨他。他也只是默默地承受。

试验又开始了，他十多天都没有换衣服，日夜守在炉旁，燃料不够了，他拆了院子里的木栅栏，怎么也不让火停下来。又不够了！他搬出了家具，劈开，扔进炉子里。还是不够，他又开始拆屋子里的地板。噼噼啪啪的爆裂声和妻子儿女们的哭声，让人听了鼻子都是酸酸的。马上就可以出炉了，多年的心血就要有回报了，可就在这时，只听炉内"嘭"的一声，不知是什么爆裂了。所有的产品都沾染上了黑点，全成了次品。

眼看到手的成功，又失败了！帕里斯也感受到了巨大的打击，他独自一人到田野里漫无目的地走着。不知走了多长时间，优美的大自然终于使他恢复了心里的平静，他平静地又开始了下一次试验。

经过16年无数次的失败，他终于成功了，而这一刻，他的内心却一片平静。他的作品成了稀世珍宝，价值连城，艺术家们争相收藏。他烧制的彩陶瓦，至今仍在法国的罗浮宫上闪耀着光芒。

他的成功来得何等不易。在一次又一次的失败中一次又一次地重新站起，这正是帕里斯成功的秘诀。

奋斗者不相信失败。他们将错误当作学习和发展新技能及策略的机会，而不是失败。有人认为失败一无是处，只会给人生带来阴暗。其实恰恰相反，人们从每次错误中可以学习到很多东西，并调整自己的路线，重新回到正确的道路上来。错误和失败是不可避免的，甚至是必要的，它们是行动的证明——表明你正在努力。你犯的错误越多，你成功的机会就越大，失败表示你愿意尝试和冒险。奋斗者应该明白：每一次的失败都使你在实现自己梦想的道路上前进了一步。

西奥多·罗斯福说："最好的事情是敢于尝试所有可能的事，经历了一次次的失败后赢得荣誉和胜利。这远比与那些可怜的人为伍好得多，那些人既没有享受过多少成功的喜悦，也没有体验过失败的痛苦，因为他们的生活暗淡无光，不知道什么是胜利，什么是失败。"在这个世界上，有阳光，就必定有乌云；有晴天，就必定有风雨。从乌云中挣脱出来的阳光会显得更加灿烂，经历过风雨洗礼的天空才能更加湛蓝。人们都希望自己的生活平静如水，可是命运却给予人们那么多波折坎坷。此时，我们要知道，波折和坎坷只不过是人生的馈赠，它能使我们的思想更清醒、更深刻、更成熟、更完美。

所以，不要害怕失败，在失败面前，只有永不言弃者才能傲然面对一切，才能最终取得成功，其实，失败真的不过是从头再来！

## 人生有多残酷，你就该有多坚强

成就平平的人往往是善于发现困难的"天才"，他们善于在每一项任务中都看到困难。他们莫名其妙地担心前进路上的困难，这使他们勇气尽失。他们对于困难似乎有惊人的"预见"能力。一旦开始行动，他们就开始寻找困难，时时刻刻等待着困难的出现。当然，最终他们发现了困难，并且被困难击败。这些人似乎戴着一副有色眼镜，除了困难，他们什么也看不见。他们前进的路上总是充满了"如果""但是""或者"和"不能"。这些东西足以使他们止步不前。

一个向困难屈服的人必定会一事无成，很多人不明白这一点。一个人的成就与他战胜困难的能力成正比。他战胜越多别人所不能战胜的困难，他取得的成就也就越大。如果你足够强大，那么困难和障碍会显得微不足道；如果你很弱小，那么障碍和困难就显得难以克服。有的人虽然知道自己要追求什么，却畏惧成功道路上的困难。他们常常把一个小小的困难想象得比登天还难，一味地悲观叹息，直到失去了克服困难的机会。那些因为一点点困难就止步不前的人，与没有任何志向、抱负的庸人无异，他们终将一事无成。

成就大业的人，面对困难时从不犹豫徘徊，从不怀疑自己克服困难的能力，他们总是能紧紧抓住自己的目标。对他们来说，自己的目标是伟大而令人兴奋的，他们会向着自己的目标坚持不懈地攀登，而暂时的困难对他们来说则微不足道。伟人只关心一个问题："这件事情可以完成吗？"而不管他将遇到多少困难，只要事情是可能的，所有的困难就都可以克服。

我们随处可见自己给自己制造障碍的人。如果一切事情都依靠这种人，就会一事无成。如果听从这些人的建议，那么一切造福这个世界的伟大创造和成就都不会存在。

一个会取得成功的人也会看到困难，却从不惧怕困难，因为他相信自己能战胜这些困难，他相信一往无前的勇气能扫除这些障碍。有了决心和信心，这些困难又能算得了什么呢？对拿破仑来说，阿尔卑斯山算不了什么。并非阿尔卑斯山不可怕，冬天的阿尔卑斯山几乎是不可翻越的，但拿破仑觉得自己比阿尔卑斯山更强大。

虽然在法国将军们的眼里，翻越阿尔卑斯山太困难了，但是他们那伟大领袖的目光却早已越过了阿尔卑斯山上的终年积雪，看到了山那边碧绿的平原。

乐观地面对困难，多一些快乐，少一些烦恼，你会惊奇地发现，这不仅会使你的工作充满乐趣，还会让你获得幸福。你会发现，自己成了一个更优秀、更完美的人。你用充满阳光的心灵轻松地去面对困难，就能保持自己心灵的和谐。而有的人却因为这些困难而痛苦，失去了心灵的和谐。

你怎样看待周围的事物完全取决于你自己的态度。每一个人的心中都有乐观向上的力量，它使你在黑暗中看到光明，在痛苦中看到快乐。每一个人都有一个水晶镜片，可以把昏暗的光线变成七色彩虹。

夏洛特·吉尔曼的《一块绊脚石》中描述了一个登山的行者，突然发现一块巨大的石头摆在他的面前，挡住了他的去路。他悲观失望，祈求这块巨石赶快离开，但它一动不动。他愤怒了，大声咒骂，他跪下祈求它让路，它仍旧纹丝不动。行者无助地坐在这块石头前，突然间他鼓起了勇气，最终解决了困难。用他自己的话说："我摘下帽子，拿起我的手杖，卸下我沉重的负担，我径直向着那可恶的石头冲过去，不经意间，我就翻了过去，好像它根本不存在一样。如果我们下定决心，直面困难，而不是畏缩不前，那么，大部分的困难就根本不算什么困难。"

# 第三章
## 把人生还给自己，听从内心真实的声音

## 不必仰望别人，自己就是风景

哲人们常把人生比作路，是路，就注定崎岖不平。

1929 年，美国芝加哥发生了一件震动全国教育界的大事。

几年前，一个叫罗勃·郝金斯的年轻人，半工半读地从耶鲁大学毕业。他做过作家、伐木工人、家庭教师和卖成衣的售货员。现在，只经过了 8 年，他就被任命为全美国第四大名校——芝加哥大学的校长。更叫人难以置信的是，他只有 30 岁。

人们对他的批评就像山崩落石一样一齐打在这位"神童"的头上，说他太年轻了，经验不够，说他的教育观念很不成熟，甚至各大报纸也参加了攻击。在罗勃·郝金斯就任的那一天，有一个朋友对他的父亲说："今天早上，我看见报上的社论攻击你的儿子，真把我吓坏了。""不错，"郝金斯的父亲回答说，"话说得很凶。可是请记住，从来没有人会踢一只死狗。"

确实如此。

耶鲁大学的前校长德怀特曾说："如果此人当选美国总统，我们的国家将会是非不分，不再敬天爱人。"听起来这似乎是在骂希特勒吧？可是他谩骂的对象竟是杰弗逊总统。

可见，没有谁的路永远是一马平川的。为他人所左右而失去自己方向的人，将无法抵达属于自己的幸福终点。

真正成功的人生，不在于成就的大小，而在于是否努力地去实现自我，喊出属于自己的声音，走出属于自己的道路。

一名中文系的学生苦心撰写了一篇小说，请作家批评。因为作家正患眼疾，学生便将作品读给作家。读到最后一个字，学生停顿下来。作家问道："结束了吗？"听语气似乎意犹未尽，渴望下文。这一追问，煽起学生的激情，立刻灵感喷发，马上接续道："没有啊，下部分更精彩。"他以自己都难以置信的构思叙述下去。

到达一个段落，作家又似乎难以割舍地问："结束了吗？"

小说一定摄魂勾魄，叫人欲罢不能！学生更兴奋，更激昂，更富于创作激情。他不可遏止地接续、接续……最后，电话铃声骤然响起，打断了学生的思绪。

有急事，作家匆匆准备出门。"那么，没读完的小说呢？""其实你的小说早该收笔，在我第一次询问你是否结束的时候，就应该结束。何必画蛇添足呢？该停则止，看来，你还没把握情节脉络，尤其是缺少决断。决断是当作家的根本，否则绵延逶迤，拖泥带水，如何打动读者？"

学生追悔莫及，自认性格过于受外界左右，作品难以把握，恐不是当作家的料。

很久以后，这个学生遇到另一位作家，羞愧地谈及往事，谁知作家惊呼："你的反应如此迅捷、思维如此敏锐、编造故事的能力如此之强，这些正是成为作家的天赋呀！假如正确运用，作品一定脱颖而出。"

"横看成岭侧成峰，远近高低各不同。"凡事绝难有统一定论，我们不可能让所有的人都对我们满意，所以可以拿他们的"意见"做参考，却不可以代替自己的"主见"，不要被他人的论断束缚了自己前进的步伐。用你的热情追随你的心，它将带你实现梦想。

# 心平常，自非凡

"心平常，自非凡"，生活和工作当中，很多人并不是被自己的能力打败，而是败给自己无法掌控的情绪。人生不如意事十常八九，在现实工作中，在激烈的竞争形势与强烈的成功欲望的双重压力下，许多人往往会出现焦虑、急躁、慌乱、失落、颓废、茫然、百无聊赖等困扰工作的情绪，这些情绪一旦发作，常常会让人丧失对自身定位的能力，变得无所适从，从而大大地影响了个人能力的发挥，使自己的工作效能大打折扣，生活也因此变得混乱不堪。

古人云"非淡泊无以明志，非宁静无以致远"，身在现代社会，能够远离浮躁，常怀一颗平常心，就能够超越自己，成为一名工作高效、生活平衡的人。

2004年8月21日，在雅典奥运会女子75公斤以上级举重比赛中，在抓举比赛结束后，唐功红的成绩依然靠后，夺金形势堪忧。但好在挺举是她的优势，如果唐功红今天能超常发挥，仍然有机会向金牌发起冲击。挺举比赛开始，曾在抓举中成功举起125公斤的美国选手哈沃蒂第一把就成功举起了150公斤，第二把又举起了152.5公斤，第三把举起了155公斤，以总成绩280公斤结束了比赛。而在前两次失败后，乌克兰选手维克托第三次终于成功举起了150公斤，也以总成绩280公斤结束了比赛。波兰选手罗贝尔第一把成功举起了165公斤，但在第二把在167.5公斤时重心偏后失败，第三次试举也失利，最终以总成绩295公斤结束了比赛。韩国选手张美兰出场第一把就成功举起了165公斤，但在举170公斤时告负，第三次试举时，张美兰举起了172.5公斤，给唐功红夺金增添了难度。

轮到唐功红出场了，抓举落后对手7.5公斤的她，必须奋力一搏。这时候她心里只想着一句话，那是教练对她说过的——"拼了，你随意去举，举起举不起都是英雄，死也要死在举重台上。"

此时的杠铃重量已是172.5公斤，第一举重心偏后没有成功。第二次登场，唐功红咬紧牙关，成功举起了这一重量，显示了她超群的挺举实力。第三把唐功红要了182公斤，只见她顶住压力，顽强挺举了这个重量，最终以302.5公斤拿到了这块金牌，打破了挺举和总成绩的世界纪录。

"拼了，你随意去举，举起举不起都是英雄，死也要死在举重台上。"勇者的气魄在这一刻展现得淋漓尽致。这时候的唐功红心里并没有想着要赢、要胜利，她想的只是尽力而为。

最终，她以一颗平常心收获了沉甸甸的奖牌。

无论做事还是做人，除了要善于抓住时机，懂得运用必要的技巧，还需要沉得下心来，保持一颗平常心。这种平常心，对于一名想要平衡自己的工作和生活，提高工作效率的人来说，是十分重要的。

所谓平常心，就是不能只想成功，拒绝失败、害怕失败，而是要能正确对待成功与失败。成功了，不骄傲自满，不狂妄自大；失败了，也应该平静地接受。失败也是生活中不可缺少的内容，没有失败的生活是不存在的。生活中没有常胜将军，任何一个渴望成功的人，都应该平静地接受生活给予的各种困难、挫折和失败。

世界乒乓球冠军王楠认为，在乒乓球比赛中，输赢是很正常的，谁也不可能只赢不输，重要的是保持一颗平常心。在第45届世乒赛女子单打决赛中，王楠在先输两局的情况下，凭借自己的一颗平常心，沉着应战，出色地发挥了自己的技术水平，连胜三局，取得女子单打世界冠军。

"心平常，自非凡"，心态就是战斗力，越是艰难越要沉得住气，保持从容不迫的心态。在奥运会上夺得金牌的冠军，接受媒体采访时，说得最多的一句话就是：保持平常心。的确，在竞技场上保持平常心，就能使竞技者超水平发挥，取得意想不到的成绩。在工作中更是这样，只有保持平常心，我们才能保证自己高效率地投入自己的工作和生活。

你要让自己的心情彻底放松下来，要沉得住气，不要让欲望牵着你到处奔跑，让脚步随着心态走，让浮躁的心安顿下来，你就会体会到海阔天空。面对生活，你保持何种心态，直接关系到你的工作效能和生活质量。多一分平常心，对生活就会多一分从容和洒脱。

## 拿着别人的地图，无法找到自己幸福的路

脸庞因为笑容而美丽，生命因为希望而精彩，倘若说笑容是对他人的布施，那么希望则是对自己的仁慈。

圣严法师幼时家贫，甚至穷到连饭也吃不饱，但是几十年风风雨雨，他始终对生活充满希望。人生来平等，但所处的环境未必相同。所以，不管自己处于怎样的起点，都应该一如既往地对生活抱以热情的微笑。

法师教诲："大雨天，你说雨总会停的；大风天，你说风总是会转向的；天黑了，你说明天依然会天亮的。这就是心中有希望，有希望就有平安，就有未来。"

圣严法师小时候，有一次与父亲在河边散步，河面上有一群鸭子，游来游去，自由畅快。他站在岸边，非常羡慕地看着这群与自己水中倒影嬉戏的鸭子。

父亲停下脚步，问道："你从中看到了什么？"

面对父亲的询问，他心中一动，却也不知道如何表达自己的想法。

父亲说："大鸭游出大路，小鸭游出小路。就像是它们一样，每个人都有自己的路可以走。"

每个人都有自己的路，即使起点不同、出身不同、家境不同、遭遇不同，也可以抵达同样的顶峰，不过这个过程可能会有所差异，有的人走得轻松，有的人

一路崎岖，但不论如何，艳阳高照也好，风雨兼程也罢，只要怀揣着抵达终点的希望，每个人都可以获得自己的精彩。

在一个偏僻遥远的山谷里的断崖上，不知何时，长出了一株小小的百合。它刚诞生的时候，长得和野草一模一样，但是，它心里知道自己并不是一株野草。它的内心深处，有一个纯洁的念头："我是一株百合，不是一株野草。唯一能证明我是百合的方法，就是开出美丽的花朵。"它努力地吸收水分和阳光，深深地扎根，直直地挺着胸膛，对附近的杂草置之不理。

在野草和蜂蝶的鄙夷下，百合努力地释放内心的能量。百合说："我要开花，是因为知道自己有美丽的花；我要开花，是为了完成作为一株花的庄严使命；我要开花，是由于自己喜欢以花来证明自己的存在。不管你们怎样看我，我都要开花！"

终于，它开花了。它那灵性的白和秀挺的风姿，成为断崖上最美丽的风景。年年春天，百合努力地开花、结籽，最后，这里被称为"百合谷地"。因为这里到处是洁白的百合。

暂时的落后一点都不可怕，自卑的心理才是最可怕的。人生的不如意、挫折、失败对人是一种考验，是一种学习，是一种财富。我们要牢记"勤能补拙"，既能正确认识自己的不足，又能放下包袱，以最大的决心和最顽强的毅力克服这些不足，弥补这些缺陷。

人的缺陷不是不能改变，而是看你愿不愿意改变。只要下定决心，讲究方法，就可以弥补自己的不足。在不断前进的人生中，凡是看得见未来的人，都能掌握现在，因为明天的方向他已经规划好了，知道自己的人生将走向何方。留住心中的希望种子，相信自己会有一个无可限量的未来，心存希望，任何艰难都不会成为我们的阻碍。只要怀抱希望，生命自然会充满激情与活力。

## 不必完美，可以完善

每个人都有自己的缺点和不足，如果一味地抓住不放，就只能生活在自卑的愁云里。王璇就是这样，本来是一个活泼开朗的女孩，竟然被自卑折磨得一塌糊涂。

王璇毕业于某著名语言大学，在一家大型的日本企业上班。大学期间的王璇是一个十分自信、从容的女孩。她是男孩们追逐的焦点。她的学习成绩在班级里名列前茅。

　　然而，最近王璇的大学同学惊讶地发现，王璇变了，原先活泼可爱的她像换了一个人似的，不但变得羞羞答答，甚至行为也变得畏首畏尾，而且说起话来、干起事来都显得特别不自信，和大学时判若两人。每天上班前，她会为了穿衣打扮花上整整两个小时的时间。

　　为此她不惜早起，少睡两个小时。她之所以这么做，是怕自己打扮不好，遭到同事或上司的取笑。在工作中，她更是战战兢兢、小心翼翼，甚至到了谨小慎微的地步。

　　原来到新公司上班后，王璇发现同事们的服饰及举止显得十分高贵、严肃，这让她觉得自己土气十足，上不了台面。于是她对自己的服装及饰物产生了深深的厌恶。第二天，她就跑到商场去了。可是，由于还没有发工资，她买不起那些名牌服装，只能失望地回来了。

　　在公司的第一个月，王璇是低着头度过的。她不敢抬头看别人穿的名牌服饰，因为一看，她就会觉得自己穷酸。那些早于她进入这家公司的女士大多穿着一流的品牌服饰，而自己呢，竟然还是一副穷学生样。每当这样比较时，她便感到无地自容，她觉得自己就是混入天鹅群里的丑小鸭，心里充满了自卑感。

　　服饰还是小事，令王璇更觉得抬不起头来的是她的同事们平时用的香水都是洋货。她们所到之处，处处清香飘逸，而王璇自己用的却是廉价的香水。同事与同事之间聊起来都是生活上的琐碎小事，内容无非是衣服、化妆品、首饰，等等。而关于这些，王璇什么话题都没有。她在同事中间就显得十分孤立，缺少人缘。

　　在工作中，王璇也觉得很不如意。由于刚踏入工作岗位，工作效率不是很高，不能及时完成上司交给的任务，有时难免受到批评，这让王璇更加拘束和不安，甚至开始怀疑自己的能力。

　　此外，王璇刚进公司的时候，她还要负责做清洁工作。看着同事们悠然自得的样子，她就觉得自己与清洁工无异，这更加深了她的自卑感……

　　像王璇这样的自卑者，总是一味地轻视自己，总感到自己这也不行，那也不行，什么也比不上别人。怕正面接触别人的优点，回避自己的弱项，这种情绪一旦占据心头，就会使自己对什么都提不起精神，犹豫、忧郁、烦恼、焦虑也便接踵而至。

　　每一个事物、每一个人都有其优势，都有其存在的价值。劣势是在所难免的，可是当我们看到它的时候，只要用心去改正和调整，就可以了，没必要总是抓着它不放，既影响自己的心情，又阻碍未来的发展。

## 尽心就好，你无法让所有人满意

　　世界一样，但人的眼光各有不同，做人不必去花大量的心思让每个人都满意，因为这个要求基本上是不可能达到的，如果一味地追求别人的满意，不仅自己累心，而且还会在生活和工作中失去自我。

　　生活中我们常常因为别人的不满意而烦恼不已，我们费尽了心思去让更多的人对自己满意，我们小心翼翼地生活，唯恐别人不满意，但即便是这样还会有人不满意，所以我们为此又开始伤神，很多时候，我们忙活工作或者生活其实花不了太多的时间，只是我们将大量的时间都花在了处理如何令别人满意的这些事情上，所以身体累，心也累。

　　有这样一个故事：

　　一个农夫和他的儿子，赶着一头驴到邻村的市场去卖。没走多远就看见一群姑娘在路边谈笑。一个姑娘大声说："嘿，快瞧，你们见过这种傻瓜吗？有驴子不骑，宁愿自己走路。"农夫听到这话，立刻让儿子骑上驴，自己高兴地在后面跟着走。

　　不久，他们遇见一群老人正在激烈地争执："喏，你们看见了吗，如今的老人真是可怜。那个懒惰的孩子自己骑着驴，却让年老的父亲在地上走。"农夫听见这话，连忙叫儿子下来，自己骑上去。

　　没过多久又遇上一群妇女和孩子，几个妇女七嘴八舌地喊着："嘿，你这个狠心的老家伙！怎么能自己骑驴，让可怜的孩子跟着走呢？"农夫立刻叫儿子上来，和他一同骑在驴的背上。

　　快到市场时，一个城里人大叫道："哟，瞧这驴多惨啊，竟然驮着两个人，它是你们自己的驴吗？"另一个人插嘴说："哦，谁能想到你们这么骑驴，依我看，不如你们两个驮着它走吧。"农夫和儿子急忙跳下来，他们用绳子捆上驴的腿，找了一根棍子把驴抬了起来。

他们卖力地想把驴抬过闹市入口的小桥时，又引起了桥头上一群人的哄笑。驴子受了惊吓，挣脱了捆绑撒腿就跑，不想却失足落入河中。农夫只好既恼怒又羞愧地空手而归了。

农夫的行为十分可笑，不过，这种任由别人支配自己行为的事并非只在笑话里出现。现实生活中，很多人在处理类似事情时就像笑话里的农夫，人家叫他怎么做，他就怎么做，谁抗议，就听谁的。结果只会让大家都有意见，且都不满意。

谁都希望自己在这个社会如鱼得水，但我们不可能让每一个人都满意，不可能让每一个人都对我们展露笑容。通常的情况是，你以为自己照顾到了每一个人的感受，可还是有人对你不满，甚至根本不领情。每个人的利益是不一致的，每个人的立场和主观感受也是不同的，所以我们想面面俱到，不得罪任何人，又想讨好每一个人，那是绝对不可能的。

做人无须在意太多，不必去让每个人满意，凡事只要尽心，按照事情本来的面目去做就好，简简单单地过好自己的生活就行，否则就会像故事中的农夫一样，费尽周折，结果还搞得谁都不满意。

## 知道自己有多美好，无须要求别人对你微笑

有些人觉得："面对集体，我不重要，为了集体的利益，我应该把自己个人的利益放在一边。面对他人，我不重要，为了他人能开心，只能牺牲我自己的开心；面对自己，我也不重要，这个世界上，少了我就如同少了一只蚂蚁，没有分量的我，又有什么重要？"但是，作为独一无二的"我"，真的不重要吗？不，绝不是这样，"我"很重要。

当我们对自己说出"我很重要"这句话的时候，"我"的心灵一下子充盈了。是的，"我"很重要。

"我"是由无数星辰、日月、草木、山川的精华汇积而成的。只要计算一下我们一生吃进去多少谷物，饮下了多少清水，才凝聚成这么一个独一无二的躯体，我们一定会为那庞大的数字而惊讶。世界付出了这么多才塑造了这样一个"我"，难道"我"不重要吗？

你所做的事，别人不一定做得来。而且你之所以为你，必定是有一些特殊的

47

地方——我们姑且称之为特质吧！而这些特质又是别人无法模仿的。

既然别人无法完全模仿你，也不一定做得来你能做得了的事，试想，他们怎么可能取代你的位置，来替你做些什么呢？所以，你必须相信自己。

况且，每个来到这个世上的人，都是上帝赐给人类的礼物，上帝造人时即已赋予了每个人与众不同的特质，所以每个人都会以独特的方式与他人互动，进而感动别人。要是你不相信的话，不妨想想：有谁的基因会和你完全相同？有谁的个性会和你丝毫不差？

由此，我们相信，我们存在于这世上的目的，是别人无法取代的。相信自己很重要。"我很重要。没有人能替代我，就像我不能替代别人。"

生活就是这样的，无论是有意还是无意，我们都要对自己有信心。不要总是拿自己的短处去对比人家的长处，却忽视了自己也有人所不及的地方。自卑是心灵的腐蚀剂，自信却是心灵的发电机。所以我们无论身处何境，都不要让自卑的冰雪侵蚀心灵，而应燃烧自信的火炬，始终相信自己是最优秀的，这样才能调动生命的潜能，去创造无限美好的生活。

也许我们渺小，也许我们的身份卑微，但这丝毫不意味着我们不重要。重要并不是伟大的同义词，它是心灵对生命的允诺。人们常常从成就事业的角度，断定自己是否重要。但这并不应该成为标准，只要我们在时刻努力着，为光明在奋斗着，我们就是无比重要的，不可替代的。

让我们昂起头，对着我们这颗美丽的星球上无数的生灵，响亮地宣布：我很重要。

面对这么重要的自己，我们有什么理由不爱自己呢？

## 你不是别人的陪跑，而是自己的主角

在这个世界上，没有任何一个人可以让所有人都满意。跟随他人的眼光来去的人，会逐渐黯淡自己的光彩。

西莉亚自幼学习艺术体操，她身段匀称灵活。可是很不幸，一次意外事故导致她下肢严重受伤，一条腿留下后遗症，走路有一点跛。为此，她十分沮丧，甚至不敢走上街去。作为一种逃避，西莉亚搬到了约克郡乡下。

一天，小镇上的雷诺兹老师领着一个女孩来向西莉亚学跳苏格兰舞。在他们诚恳的请求下，西莉亚勉为其难地答应了。为了不让他们察觉自己残疾的腿，西莉亚特意提早坐在一把藤椅上。可那个女孩偏偏天生笨拙，连起码的乐感和节奏感都没有。当那个女孩再一次跳错时，西莉亚不由自主地站起来给对方示范。西莉亚一转身，便敏感地看见那个女孩正盯着自己的腿，一副惊讶的神情。她忽然意识到，自己一直刻意掩盖的残疾在刚才的瞬间已暴露无遗。这时，一种自卑让她恼怒起来，对那个女孩说了一些难听的话。西莉亚的行为伤害了女孩的自尊心，女孩难过地跑开了。

　　事后，西莉亚深感歉疚。过了两天，西莉亚亲自来到学校，和雷诺兹老师一起等候那个女孩。西莉亚对那个女孩说："把你训练成一名专业舞者恐怕不容易，但我保证，你一定会成为一个不错的领舞者。"这一次，她们就在学校操场上跳，有不少学生好奇地围观。那个女孩笨手笨脚的舞姿不时招来同学的嘲笑，她满脸通红，不断犯错，每跳一步，都如芒刺在背。

　　西莉亚看在眼里，深深理解那种无奈的自卑感。她走过去，轻声对那个女孩说："假如一个舞者只盯着自己的脚，就无法享受跳舞的快乐，而且别人也会跟着注意你的脚，发现你的错误。现在你抬起头，面带微笑地跳完这支舞曲，别管步伐是不是错的。"

　　说完，西莉亚和那个女孩面对面站好，朝雷诺兹老师示意了一下。悠扬的手风琴声响起，她们踏着拍子，欢快起舞。其实那个女孩的步伐还有些错误，而且动作不是很和谐。但意外的效果出现了——那些旁观的学生被她们脸上的微笑所感染，而不再关注舞蹈细节上的错误。后来，有越来越多的学生情不自禁地加入舞蹈中。大家尽情地跳啊跳啊，直到太阳下山。

　　生活在别人的眼光里，就会找不到自己的路。其实，每个人的眼光都有不同。面对不同的几何图形，有人看出了圆的光滑无棱，有人看出了三角形的直线组成，有人看出了半圆的方圆兼济，有人看出了不对称图形特有的美……同是一个甜麦圈，悲观者看见的是一个空洞，乐观者却品尝到它的味道。同是赤壁怀古，苏轼高歌"雄姿英发，羽扇纶巾，谈笑间樯橹灰飞烟灭"，杜牧却低吟"东风不与周郎便，铜雀春深锁二乔"。同是"谁解其中味"的《红楼梦》，有人听到了封建制度的丧钟，有人看见了宝玉和黛玉的深情，有人悟到了曹雪芹的用心良苦，也有人只津津乐道于故事本身……

人生是一个多棱镜，总是以它变幻莫测的每一面反照生活中的每一个人。不必介意别人的流言蜚语，也不必担心自我思维的偏差，坚信自己的眼睛，坚信自己的判断，执着自我的感悟，用敏锐的视线去审视这个世界，用心去聆听、抚摸这个多彩的人生，给自己一个富有个性的回答。

## 不漂亮，但依然可以美丽

彼得经常向他的朋友讲述他的一次经历，因为那场经历让他认识到了什么叫美丽。

"一天下班后我乘中巴回家。车上的人很多，站在我对面的是一对恋人，他们亲热地相挽着。那女孩背对着我，她的背影看上去很标致，高挑、匀称、活力四射。她的头发是染过的，是最时髦的金黄色，她穿着一条今夏最流行的吊带裙，露出香肩，是一个典型的都市女孩，时尚、前卫、性感。他们靠得很近，低声絮语着什么，这位女孩不时发出欢快的笑声。笑声引得许多人把目光投向他们，大家的目光里似有艳羡，不，似乎还有一种惊讶，难道女孩美得让人吃惊？我也有一种冲动，想看看女孩的脸，看那张倾城的脸上洋溢着幸福时会是什么样子。但女孩没回头，她的眼里只有她的恋人。

"后来，他们大概聊到了电影《泰坦尼克号》，这时那女孩便轻轻地哼起了那首主题歌，女孩的嗓音很美，把那首缠绵悱恻的歌处理得很到位，虽然只是随便哼哼，却有一番特别动人的力量。我想，只有足够幸福和自信的人，才会在人群里肆无忌惮地欢歌。

"很巧，我和那对恋人在同一站下了车，这让我有机会看看女孩的脸，我的心里有些紧张，不知道自己将看到怎样一个令人悦目的绝色美人。可就在我大步流星地赶上他们并回头观望时，我惊呆了！我也理解了片刻之前车上的人那种惊诧的眼神。那是一张被烧坏了的脸，用'触目惊心'这个词来形容毫不夸张！这样的女孩居然会有那么快乐的心境。"

其实，这个女孩不漂亮，却有一颗美丽的心。

清代有位将军叫杨时斋，他认为军营中没有无用之人。听障人，安排在左右当侍者，可避免泄露重要军事机密；哑人，派他传递密信，一旦被敌人抓住，除了搜去密信，再也问不出更多的东西；跛脚的人，命令他去守护炮台，坚守阵地，他很难弃阵而逃；盲人，听觉特别好，命他潜伏在阵地前窃听敌军的动静，担负侦察任务。

可见，人人都有自己的独特之处，这需要你仔细发掘，用心发现。

其实，每个人都不会是十全十美的，总会有这样或那样的缺陷，但毫无疑问，每个人都有自己的闪亮之处，要善于发现和发扬自己的闪光点，以己之长补己之短，变不利为有利。

历史上的一些著名人物，拿破仑、晏子、康德、贝多芬，他们也有各种缺憾，但是他们最终分别成为伟大的军事家、政治家、哲学家和音乐家。他们的形象顶天立地，他们的英名流传千古。

戴尔·卡耐基说："一种缺陷，如果生在一个庸人身上，他会把它看作是一个千载难逢的借口，竭力利用它来偷懒、求恕、博取同情。但如果生在一个有作为的人身上，他不仅会用种种方法来将它克服，还会利用它干出一番不平凡的事业来。"

## 谁都有可能创造奇迹，为什么不能是你

自卑就是对自己的抱怨，是在心里对自己能力的一种怀疑。自卑是人生最大的障碍，每个人都必须成功跨越才能到达人生的巅峰。

自卑的人，情绪低沉，郁郁寡欢，常因害怕别人看不起自己而不愿与人来往，与人疏远，缺少朋友，顾影自怜，甚至内疚、自责；自卑的人，缺乏自信，优柔寡断，毫无竞争意识，抓不住稍纵即逝的各种机会，享受不到成功的乐趣；自卑的人，常感疲劳，心灰意冷，注意力不集中，工作没有效率，缺少生活情趣。

如果一个人总是沉迷在自卑的阴影中，那无异于给自己套上了无形的枷锁。但是如果能够认识自己，懂得换个角度看待周围的世界和自己的困境，那么许多问题就会迎刃而解了。

一位父亲带着儿子去参观凡·高故居，在看过那张小木床及裂了口的皮鞋之后，儿子问父亲："凡·高不是位百万富翁吗？"父亲答："凡·高是位连妻子都没

娶上的穷人。"

第二年，这位父亲带儿子去丹麦，在安徒生的故居前，儿子又困惑地问："爸爸，安徒生不是生活在皇宫里吗？"父亲答："安徒生是位鞋匠的儿子，他就生活在这栋阁楼里。"

这位父亲是一个水手，他每年往来于大西洋各个港口；儿子叫伊东布拉格，是美国历史上第一位获普利策奖的黑人记者。20年后，在回忆童年时，他说："那时我们家很穷，父母都靠卖苦力为生。有很长一段时间，我一直认为像我们这样地位卑微的黑人是不可能有什么出息的。好在父亲让我认识了凡·高和安徒生，这两个人告诉我，上帝没有轻看卑微。"

富有者并不一定伟大，贫穷者也并不一定卑微。上帝是公平的，它把机会放到了每个人面前。自卑的人也有相同的机会。

自卑常常在不经意间闯进我们的内心世界，控制着我们的生活，在我们有所决定、有所取舍的时候，向我们勒索着勇气与胆略；当我们碰到困难的时候，自卑会站在我们的背后大声地吓唬我们；当我们要大踏步向前迈进的时候，自卑会拉住我们的衣袖，叫我们小心陷阱。一次偶然的挫败就会令你垂头丧气，一蹶不振，将自己的一切否定，你会觉得自己一无是处，窝囊至极，你会掉进自责自罪的旋涡。

自卑就像蛀虫一样啃噬着你的人格，它是你走向成功的绊脚石，它是快乐生活的拦路虎。一个人如果自卑，不敢有远大的目标，永远不会出类拔萃；一个民族和国家，如果自卑，永远站不起来，只能跟在别国后边当附庸。

自卑是一种压抑，一种自我内心潜在的人为压抑，更是一种恐惧，一种损害自尊和荣誉的恐惧，所以生活中，我们只有比别人更相信并且珍爱自己，我们才能发挥自己最大的潜力，创造出属于自己的天地。当我们遭到冷遇时，当我们受到侮辱时，一定要自尊自爱，把羞辱作为奋发的动力，激励自己去战胜一个个困难。

## 做一个安静细微的人，于角落里自在开放

《伊索寓言》中有这样一个故事：

有一只狐狸喜欢自夸，它以为森林中自己最大。

傍晚，它单独出去散步，走路的时候看见一个映在地上的巨大影子，觉得很奇怪，因为它从来没有见过那么大的影子。后来，它知道是它自己的影子，就非常高兴。它平常就以为自己伟大、有优越感，只是一直找不到证据可以证明。

为了证实那影子确实是自己的，它就摇摇头，那个影子的头部也跟着摇动。它就很高兴地跳舞，那影子也跟着它舞动。它继续跳，正得意忘形时，来了一只老虎。狐狸看到老虎也不怕，就拿自己的影子与老虎比较，结果发现自己的影子比老虎大，就不理它，继续跳舞。老虎趁着狐狸跳得得意忘形的时候扑了过去，把它咬死了。

一个人若种植信心，他会收获品德。一个人若种下骄傲的种子，他必收获众叛亲离的果子，甚至带来不可预知的危险，就像那只自夸自大、自我膨胀的狐狸一样。

但高傲的姿态，却是现代人的通病。大家都想吸引别人的目光，殊不知这目光可能投来善意，也可能投来恶意。越是高调的人，越容易成为众矢之的。老子在《道德经》中说："生而不有，为而不恃，功成而不居。"又说："功成名遂，身退，天之道。"如果成功之后，只知自我陶醉，迷失于成果之中停滞不前，那就是为自己的成就画了句号。

成功常在辛苦日，败事多因得意时。切记：不要老想着出风头。一个人的成绩都是在他谦虚好学、伏下身子踏实肯干的时候取得的，一旦骄气上升、自满自足，必然会停止前进的脚步。

有人会说，大凡骄傲者都有点儿本事、有点儿资本。你看，《三国演义》中"失荆州"的关羽和"失街亭"的马谡不是都熟读兵书、立过大功吗？这种说法其实是只看到了事情的表面，而没看到事情的本质。关羽之所以"大意失荆州"，马谡之所以"失街亭"，不正是因为他们自以为"有资本"而铸成的大错吗？

一个人有一点儿能力，取得一些成绩和进步，产生一种满意和喜悦感，这是无可厚非的。但如果这种"满意"发展为"满足"，"喜悦"变为"狂妄"，那就成问题了。这样，已经取得的成绩和进步，将不再是通向新胜利的阶梯和起点，而成为继续前进的包袱和绊脚石，那就会酿成悲剧。

在这个世界上，谁都在为自己的成功拼搏，谁都想站在成功的巅峰上风光一下。但是成功的路只有一条，那就是放低姿态，不断学习。在通往成功的路上，人们都行色匆匆，有许多人就是在稍一回首、品味成就的时候被别人超越了。因此，有位成功人士的话很值得我们借鉴："成功的路上没有止境，但永远存在险境；没有满足，却永远存在不足。在成功路上立足的最基本的要点就是学习，学习，再学习。"

## 你的独立，就是你的底气

在遇到困难的时候，依赖别人不如依赖自己，因为只有自己最清楚自己的境遇，只有自己最了解自己。

很多人处于不利的困境时总期待借助别人的力量去改变现状。殊不知在这个世界上，最可靠的人不是别人，而是你自己，你想着依赖别人，怎么不想着依赖自己呢？

美国总统约翰·肯尼迪的父亲从小就注意对小肯尼迪独立性格和精神状态的培养。有一次他赶着马车带小肯尼迪出去游玩。在一个拐弯处，因为马车速度很快，猛地把小肯尼迪甩了出去。当马车停住时，小肯尼迪以为父亲会下来把他扶起来，但父亲却坐在车上悠闲地掏出烟吸起来。

小肯尼迪叫道："爸爸，快来扶我。"

"你摔疼了吗？"

"是的，我感觉自己站不起来了。"小肯尼迪带着哭腔说。

"那也要坚持站起来，重新爬上马车。"

小肯尼迪挣扎着自己站了起来，摇摇晃晃地走近马车，艰难地爬了上来。

父亲摇动着鞭子问："你知道为什么让你这么做吗？"

小肯尼迪摇了摇头。

父亲接着说："人生就是这样，跌倒、爬起来、奔跑，再跌倒、再爬起来、再奔跑。在任何时候都要全靠自己，没人会去扶你的。"

从那时起，父亲就更加注重对小肯尼迪的培养，如经常带着他参加一些大的社交活动，教他如何向客人打招呼、道别，与不同身份的客人应该怎样交谈，如何展示自己的精神风貌、气质和风度，如何坚定自己的信仰，等等。有人问他：

"你每天要做的事情那么多，怎么有耐心教孩子这些鸡毛蒜皮的小事？"

谁料约翰·肯尼迪的父亲一语惊人："我是在训练他做总统。"

每个人对别人都有一种依赖性，在家依赖父母，依赖爱人，在外依赖朋友，依赖同事。然而，生活中最大的危险，就是依赖他人来保障自己。将希望寄托于他人的帮助，便会形成惰性，失去独立思考和行动的能力。将希望寄托于某种强大的外力上，意志力就会被无情地吞噬。

## 我们总是一边羡慕着别人，一边唾弃着自己

自信是成功之源，只要你能时刻都充满自信地去面对任何情况，你就能化解任何障碍，解决各种困难，你的生命也会得到升华。

爱默生说："这世界只为两种人开辟大路：一种是有坚定意志的人，另一种是不畏惧阻碍的人。"

他又说："那些'紧驱他的四轮车到星球上去'的人，倒比在泥泞道上追踪蜗牛行迹的人，更容易达到他的目的呢！"

的确，一个意志坚定的人，是不会畏惧艰难的。尽管前面有阻挡他前进的障碍物，也不能阻止他。意志坚定的人会排除这个障碍物，然后继续前进。尽管路上有使人跌倒的绊脚石，但它只能使他人跌倒，意志坚定的人，行进时脚底步步踏实，滑石也奈何不得他。

一个人的自信，能够控制他自己的生命，并能将他的"信念"坚强地运行下去。这不愧是一个有能力的人，能够担负起艰巨的责任，这样的人才是可靠的。

如果一个人能够了解坚定的力量，能够把他所希望的东西在心里牢牢地把握住，然后向着这个理想目标艰苦不懈地努力，那么，他一定可以排除种种的不幸与困难，达到理想中的最高峰。

乔丹，全世界最威名远扬的篮球巨星，他以无与伦比的球艺树立起了世界级篮球艺术大师的形象。每周至少有1000多封洋溢着火热之情的信件飞往乔丹的家中。乔丹这个名字如同一个真实的神话，成为全世界青年人津津乐道的话题。

乔丹为什么能使全世界那么多的人折服呢？那就是他变幻莫测、精彩绝伦的技艺，临场表现出的那份果敢与自信。换个角度说，是他非凡的自信心、超人的

勇气以及果断的个性，使得他每一场球都打得无与伦比。

1982年，异军突起的北卡罗来纳大学与老牌劲旅乔治敦队进行全美大学生篮球联赛（NCAA）冠亚军决赛。那天晚上，新奥尔良"超顶"体育馆内坐满了观众。上半场，有些紧张的乔丹表现平平。下半场，乔丹犹如苏醒的睡狮，成为全场的焦点。在北卡大学队最后5个投中的球中，乔丹一人投中了3个，还有2个球是他从对手手上"偷"来的。在离比赛结束还剩32秒时，北卡队落后一分，乔治敦队以密集防守将北卡队堵在外围。教练决定将这个分胜负的机会交给乔丹。在几番倒手后，乔丹面前出现一个空当，在离篮板大约5米的地方，乔丹果断地射出了手中的篮球，球像一道彩虹一样越过了对手的头顶，飞进篮网。那一夜，迈克尔·乔丹这个名字飞向全美，乔丹开始迅速走红。

乔丹说："如果有一次你猝不及防地跳起投篮，结果球应声入网，那么你就能一直这样打下去。你有了信心，因为你成功过。"在1997年的一次比赛中，乔丹当时正处在令人难以忍受的38℃高烧中，他没有顾及这一点，果断地做出决定：上场，并且充满自信地上场。这次，他忍受着38℃高烧，仍以自身完美无瑕的篮球技艺征服了观众，取得最后一刻的胜利，上演了篮球史上最辉煌的一幕。这最后一刻，犹如没有对手的表演，更像是上苍的安排，那么精彩绝伦，那么完美无缺，充满自信地一球定乾坤，连好莱坞导演都无法做到。

乔丹所到之处都是人潮如涌，一位看不到球场只能看到大屏幕的球迷说："我毫无怨言，我回去以后可以坦坦荡荡地对别人说，乔丹打球时我也在场。"这就是飞人乔丹的魅力。

无论到哪里，碰上什么样的高手，也无论在每场比赛中处于什么样的处境，乔丹本人十分有意使自己随时保持一种自信的状态，在每一次比赛前他的准备几乎一成不变：寻找自信心，积蓄自信心。

我们不能说乔丹的成功完全取决于他的自信，但无疑，自信使他的球技更出神入化，使他的灵魂更加伟大。一个人可以没有资本，可以没有地位，但他不能没有信心。

如果连信心都没有，无论如何，这个人都不会有大成就，相反，如果拥有信心，即使现在身陷低谷，也只是暂时的，坚强的信心终究会为他带来成功。

第四章

虽然被荣光遗漏，

但掌声也许等待在最后

## 别着急，属于你的岁月都会给你

英国诗人兰德晚年写过一首《生与死》的小诗："我和谁都不争 / 和谁争我都不屑 / 我爱大自然 / 其次是艺术 / 我双手烤着生命之火 / 火萎了 / 我也准备走了。"这首小诗积极乐观、宁静淡泊的境界，是处于喧嚣的尘世也不会为万念所动的心平气和的写照。

这种心平气和就是不为虚荣所诱，不为权势所惑，不为金钱所动，不为美色所迷，不为一切浮华沉沦。但在物欲横流的社会，处处充满了诱惑和陷阱，要想保持一份平常心绝非易事，因为生活中我们往往被太多的物欲所困扰，生活中充满了急功近利、浮躁与喧嚣，很难保持内心的清明与平静。

他上大学时，告别了单车族，靠做家教的收入成为机车族，当超越同学们骑的单车，呼啸而过时，心中隐隐有一股很优越的感觉。大学毕业，进入社会，他又拼命工作赚钱，进而很快地就成为"汽车族"。每遇红灯，车停路口时，看着旁边日晒雨淋的机车骑士，他心里为他们悲悯，但更为自己骄傲。

后来，他去一座小岛旅行，这种优越感终于被棒喝了回来。那天，他的眼镜很不幸地被摔坏了，只好在中途很无奈地中断行程，叫出租车回旅馆。在车上顺便打听什么地方可以把眼镜修好。

司机说，这小岛上没有眼镜行，只有到离小岛不远的省城才能修。他禁不住叹了一口气："你们这里真不方便。"

司机却笑着说："因为这里的人很少近视，所以也没觉得有什么不方便。"他听这司机谈吐不俗，便决定包他一天车，去省城修眼镜，再参观一下市区。司机犹豫了几分钟，才说："那我明早八点到旅馆来接你。"

第二天，他在省城逛了一上午，感觉没什么好玩的地方，便想打道回府，下午就待在旅馆里游泳、休息。但是他又想到司机为接他这笔生意，肯定推掉了很多原来的计划，就感到有点不好意思。为难了很久，他吞吞吐吐地跟司机说："司机先生，真是不好意思，我想改成只包半天，你看是不是会给你带来不便呢？"没想到司机却非常高兴地说："一点都不会。昨天，你要包一整天车，我有些犹豫，本来我不接受包整天车的，就因为跟你谈得来我才同意的。"

他有点迷惑地说："这是为什么呢？"司机回答："因为我设定了一个工作目标，每天只要做到八百元钱，我就收工，你用一千六百元钱包我一整天，那我自己就没有时间了。"

"你可以存钱，第二天休息呀。"

司机笑着说："先是做一整天再休息，然后就变成做一个月、做一整年再休息，最后是做一辈子，终身不得休息。工作也会习惯的。"

他问："那你们闲着干吗呢？时间那么多，不会觉得无聊吗？"

司机看着他，就像碰到外星人一样，说："这里有那么多好玩的事情，我怎么会感到无聊呢？我们岛上每家都养斗鸡，收工后，我们就斗斗鸡、放放风筝，到沙滩打打排球，游游泳，多有意思呀！"

从那个小岛上回来，那位司机的话就像至理名言，不断地出现在他的脑海里。他突然觉得前半辈子完全"误入歧途"。再这样干下去，可以想到，房子肯定越换越大，大到没有办法打扫，再请保姆，为了还房贷和养保姆，只好拼命工作，有家不能回。那么大的房子又有什么用处呢？

在路上开车，他又想这样开着车，懒得走路，四体不勤，身体越来越胖，只好去买个脚踏车或跑步机来放在家里踩。但有时忙得要死，有时又不愿动弹，坚持不了很长时间，那还不如干脆骑单车去上班，爬楼梯走路呢！这个小岛让他的人生境界随之豁然开朗了起来。

从人本身来说，我们所需求的东西并不是很多，但人往往会生出许多欲望来，那些欲望直至大到我们所不能够承受，平白地给我们许多压力，让人觉得累，觉得疲惫，让你竟然忘记了你完全可以将这一切抛却，活一个快乐潇洒的自己。要想拥有幸福的生活，就要学会控制你的欲望，也要懂得放弃。

放弃需要明智，须知该是你的便是你的，不是你的，任你苦苦挣扎也得不到。有时你以为得到了，可能失去的会更多；有时你以为失去了不少，却有可能获得了更多。

# 耐得住寂寞，才能看得见繁华

成就大业者，都是能耐得住寂寞的，古今中外，概莫能外。门捷列夫的化学元素周期表的诞生，居里夫人发现镭元素，陈景润在哥德巴赫猜想中摘取桂冠等，都是他们在寂寞、单调中扎扎实实做学问，在反反复复冷静思索和数次实践中获得的成就。

成就事业要能忍受孤独、平心静气，这样才能深入"人迹罕至"的境地，汲取智慧的甘饴，如果过于浮躁，急功近利，就可能适得其反，劳而无功。

小威和孙博同时被一家汽车销售店聘为销售员，同为新人，两人的表现却大相径庭：小威每天都跟在销售前辈身后，留心记下别人的销售技巧，学习如何销售更多的汽车，积极向顾客介绍各种车型，没有顾客的时候就坐在一边研究不同车型的配置。孙博则把心思放在了如何讨好领导上，掐算好时间，每当领导进门时，他都会装模作样地拿起刷子为车做清洁。

一年过去了，小威潜心业务，终于得到回报，不仅在新人中销售业绩遥遥领先，在整个公司的业务中也名列前茅，得到了老板的特别关注，并在年底顺利被提升为销售顾问。孙博却因为没有把公关特长用在工作上，出不了业绩，甚至好几个月业绩不达标濒临淘汰，部门领导也因此冷落了他。孙博在公司的地位岌岌可危，不久便被迫离职了。

其实，做人生的"演员"很累，而且很容易被揭穿。因此，我们与其把大部分时间放在表演上，还不如真真正正做点事情。这样我们在为公司创造业绩的同时，自己的能力与价值也得到了提升，今后要想谋求大的发展也就相对容易了。

庄子说："虚静恬淡，寂寞无为者，天地之平，而道德之至也。"持重守静乃是抑制轻率躁动的根本。浮躁太甚，会扰乱我们的心境，蒙蔽我们的理智。浮躁是为人之忌。要想成就一番功业，就该戒骄戒躁，脚踏实地，扎扎实实地积累与突破，这样才能在人生路上走得稳，并且走得远。

因此，在人生的道路上，即使我们的希望一个个落空了，我们也要坚定，要沉着，要知道成功永远属于那些耐得住寂寞的人。

## 谁不是一边受伤，一边坚强

四时有更替，季节有轮回，严冬过后必是暖春，这是大自然的发展规律。在我们人类眼中，事物的发展似乎也遵循着这一条规律，否极泰来、苦尽甘来、时来运转等成语无不反映了人们的一种美好愿望：逆境达到极点就会向顺境转化，坏运到了尽头好运就会到来。所以，我们坚信，没有一个冬天不可逾越，没有一个春天不会来临。这是对生活的信心，也是对生活的希望，有了信心与希望，无论事情多糟糕，我们也会有面对现实的勇气和决心。

约翰是一个汽车推销商的儿子，是一个典型的美国孩子。他活泼、健康、热衷于篮球、网球、垒球等运动，是中学里一个众所周知的优秀学生。后来约翰应征入伍，在一次军事行动中，他所在的部队被派遣驻守一个山头。激战中，突然一颗炸弹飞入他们的阵地，眼看即将爆炸，他果断地扑向炸弹，试图将它丢开。可是炸弹却爆炸了，他重重地倒在地上。当他向后看时，发现自己的右腿、右手全部被炸掉，左腿变得血肉模糊，也必须截掉了。一瞬间他想哭，却哭不出来，因为弹片穿过了他的喉咙。人们都以为约翰再也不能生还，但他却奇迹般地活了下来。

是什么力量使他活了下来？是格言的力量。在生命垂危的时候，他反复诵读贤人先哲的这句格言："如果你懂得苦难磨炼出坚韧，坚韧孕育出骨气，骨气萌发不懈的希望，那么苦难最终会给你带来幸福。"约翰一次又一次默念着这句话，心中始终保持着不灭的希望。然而，对于一个三截肢（双腿、右臂）的年轻人来说，这个打击实在太大了！在深深的绝望中，他又看到了一句先哲格言："当你被命运击倒在最底层之后，再能高高跃起就是成功。"

回国后，他从事了政治活动。他先在州议会中工作了两届。然后，他竞选副州长失败。这是一次沉重的打击。但他用这样一句格言鼓励自己："经验不等于经历，经验是一个人经过经历所获得的感受。"这指导他更自觉地去尝试。紧接着，他学会驾驶一辆特制的汽车并跑遍全国，发动了一场支持退伍军人的事业。那一年，总统命他担任全国复员军人委员会负责人，那时他34岁，是在这个机构中担任此职务最年轻的一个人。约翰卸任后，回到自己的家乡。1982年，他被选为州议会部长，1986年再次当选。

后来，约翰成为亚特兰城一个传奇式人物。人们经常可以在篮球场上看到他摇着轮椅打篮球。他经常邀请年轻人与他进行投篮比赛。他曾经用左手一连投进了18个空心篮。

有一句格言说："你必须知道，人们是以你自己看待自己的方式来看你的。你对自己自怜，人家则会报以怜悯；你充满自信，人们会待以敬畏；你自暴自弃，多数人就会嗤之以鼻。"一个只剩一条手臂的人能成为一名议会部长，能被总统赏识担任一个全国机构的要职，是这些格言给了他力量。同时，他的成功也成了这些格言的有力佐证。

天无绝人之路，生活有难题，同时会给我们解决问题的能力与方法。约翰之所以能够生存下来并创造事业的辉煌，是因为他坚信人生没有过不去的坎儿，坚信冬天之后春天会来临。他在困难面前没有低头，昂首挺进，直至迎来了生命的春天。

生活并非总是艳阳高照，狂风暴雨随时都有可能来临。但是每一个人都需要将自己重新打理一下，以一种勇敢的人生姿态去迎接命运的挑战。请记住，冬天总会过去，春天总会来到。度过寒冬，我们一定会生活得更好。

## 明天的希望，在于今天的默默付出

有这样一道题：给你一张报纸，然后重复这样的动作：对折，再对折，不停地循环下去。当你把这张报纸对折了51次的时候，你猜所达到的厚度有多少？一个冰箱？两层楼？你能肯定这是你所能想象的最大厚度吗？但是在计算机的模拟演算下，得到一个惊人的结果，这个厚度接近于地球到太阳之间的距离！

就是这样简简单单的动作，却得到了一个惊人的结果。为什么看似毫无分别的重复，会出现这样的奇迹呢？换句话说，这种貌似"意外"的成功，根基何在？

秋千所荡到的高度与每一次加力是分不开的，明天的任何一点希望都在于今天的默默付出。默默付出的时候就是成功走在路上的时候。虽然默默付出看似是不聪明的做法，却依然要一丝不苟地去做。

王涛，东风汽车有限公司商用车总装配厂高级技师，获得过"全国劳动模范""湖北省劳动模范""全国十大杰出工人""全国职工职业道德十佳标兵"等荣誉称号，2002年荣获"全国机械行业突出贡献技师"，还曾多次荣获"东风公司劳动模范"称号。

王涛的父亲是中国第一汽车制造厂的工人，高中毕业后的王涛子承父业，也进入第一汽车制造厂当了一名工人。上班第一天，父亲给他上的第一课就是："做人要做堂堂正正的人，当工人就得好好干活！"20多年来，王涛一直不忘父亲的教诲，不管在什么岗位上，都能做到干一行爱一行，兢兢业业地做好自己的工作。

早在1992年的时候，有一次厂里296台八平柴新车因调整工序滞后而到不了用户的手中，王涛对此心急如焚。调整工序是汽车生产的最后一道工序，几万个大大小小的零部件装配在一起的整车，都需要由调整工最后把关。从某种角度上讲，汽车调整工就是新车的"接生婆"。厂里要求在3天内将这批新车排除故障，让其顺利"诞生"。面对这道不可更改的命令，王涛带着全班工友们在冷如冰窖的简易工棚里连续作战，一干就是70多个小时，三天三夜没合眼，王涛等人经过艰苦的奋战，任务总算如期完成了。

王涛所在的岗位需要露天作业，所以每逢下雨下雪天工作环境就会变得异常艰苦。1987年冬天，为了赶任务，他连续两天在雪地里调车，脉管炎从此在他身上落下了病根。脉管炎在医学上被称为"损伤性血管植物性神经麻痹"，素有"二号癌症"之称，轻则截肢残废，重则致人死亡。每年入秋，身患此疾的王涛就疼痛难忍，有时疼得连路都不能走。就是在这样的情况下，他也没有因此耽误过一天工作，仍然为这份工作默默付出着自己的力量。每次有紧急任务，他总是干在前、抢在先。从1984年开始当调整工近20年来，王涛累计义务加班献工达5000多个小时，相当于无偿为厂里多干了800多个工作日。34年来，他累计参与装调的东风车达16万辆，没出现过一次质量责任事故，被称为汽车界的"调整大王"。

只有高中文化水平的他，写出了《东风八平柴基本结构及调整》《东风八平柴常见故障排除》《东风三吨轻型车调整和常见故障的排除》《东风重型车调试技术 300 问》《东风商用车电器系统 365 答疑》《东风天龙调试技术图解》《东风天锦电路电气与故障排除图解》共 7 本计 80 多万字的汽车调整技术专业书籍，完成了 30 多项技术革新，创造了"王涛操作法"。

"明天的希望，在于今天的默默付出。"这是成功者不断勉励自己的至理名言。要想成大事就要不断地对自己说这些话，不厌其烦地提醒自己。

只有在成功前学会默默地付出，才可以为你的成功奠定基础，让你脱颖而出。只要你能全身心地投入到自己的工作中，即使是一个能力一般的人，也可以取得令人瞩目的成绩。在成功到来之前默默地努力永远是取得骄人业绩的前提。

在法国有一个叫希瓦勒的普通邮递员，每天奔走在各个村庄之间，为人们传送着邮件。

一天，希瓦勒在山路上不小心摔倒了，不经意间发现脚下有一块奇特的石头，看着看着，他有些爱不释手，最后他把那块石头放进了邮包。

村民们看到他的邮包里还有一块沉重的石头，都感到很奇怪。

他取出那块石头晃了晃，得意地说："你们有谁见过这样美丽的石头？"

人们摇了摇头："这里到处都是这样的石头，你一辈子都捡不完的。"可是，他并没有因为大家的不理解而放弃自己的想法，反而想用这些奇特的石头建一座奇特的城堡。

此后，希瓦勒开始了另外一种全新的生活。白天，他一边送信一边捡这些奇形怪状的石头。到了晚上，他就琢磨用这些石头来建城堡的问题。

所有的人都觉得他是疯了，这根本就是不可能的事。

二十多年以后，在希瓦勒的住处出现了一座错落有致的城堡，可在当地人的眼里，他是在干一些如同小孩建筑沙堡一样的游戏。

20 世纪初，一位记者路过这里发现了这座城堡，这里的风景和城堡的建造格局令他慨叹不已，为此写了一篇文章。文章刊出后，邮差希瓦勒和他的城堡成为了人们关注的焦点，甚至艺术大师毕加索也专程拜访。

今天，这座城堡已成为法国最著名的旅游景点之一。

据说，那块当年被希瓦勒捡起的石头，被立在入口处，上面刻着一句话：

"我想知道一块有了愿望的石头能走多远。"

一个人有梦想、有热情固然重要，然而实现梦想的过程却是艰难的。只有对生活充满期待并肯为之默默付出努力的人，才能将自己的理想化为现实。

美国有一位哲人曾经说过："很难说世上有什么做不了的事，因为昨天的梦想可以是今天的希望，还可以是明天的现实。"

如果我们能够在人生的轨道上学会为我们的梦想默默付出，终有一天你会收获幸福的果实。

## 微笑不用花钱，却永远价值连城

微笑具有一种独特的魅力，它可以点亮天空，可以使人振作精神，可以改变你周围的气氛，更可以改变你，面带微笑会使你更受别人的欢迎。

悲痛时，我们可以用微笑驱除眼泪；不安时，我们可以用微笑驱除恐惧；烦恼时，我们可以用微笑驱除郁闷。

一个阳光普照、风和日丽的星期六，"山房"餐厅生意兴隆，人潮汹涌。这时，餐厅迎来了一位西装革履、红光满面、戴墨镜的中年先生。见到这种客人，谁都不敢怠慢，服务员快步上前，微笑迎宾，问位开茶。可是，这位客人却不领情，一脸不高兴地问道："我两天前就已在这里预订了一桌酒席，怎么看上去你们没什么准备似的？""不会的，如果有预订，我们都会提早准备的，请问是不是搞错了？"服务员连想都没想就回答了那位客人。

可能是酒席的意义重大，客人听了解释后，更是大发雷霆，跑到营业部与营业员争执起来。营业部经理刘小姐闻讯赶来，刚开口要解释，客人又把她作为泄怒的新目标，指着她出言不逊地呵斥起来。

当时，刘小姐头脑非常清醒，她明白，在这种情况下，做任何解释都是毫无意义的，反而会招惹客人情绪更加激动，于是就采取冷处理的办法让他尽情发泄，自己则默默地看着他，"洗耳恭听"，脸上则始终保持一种亲切友好的微笑。一直等到客人把话说完，平静下来后，刘小姐才心平气和地告诉他餐厅的有关预订程序，并对刚才发生的事表示歉意。客人接受了她的解释，并诚恳地表示："你的微笑和耐心征服了我，我刚才情绪那么冲动，很不应该，希望下次到'山房'还能见到你亲切的微笑。"

一阵暴风雨过去了，雨过天晴，"山房"的空气也更加清新了。

微笑具有一种无形功能，它能拉近心与心的距离，进行情与情的交流，让针锋相对的兄弟重新成为手足，让水火不容的朋友重新成为生死之交。

有一位日本著名的造型家，他写了一本书，书中一个跨页收集了几十位女性的头像，这些女性有年老的、年轻的，有人们认为很美的，也有很丑的，但是你看她们每一个人时，你的心情都是愉悦的、恬静的。不因为别的，就因为她们给了你灿烂的笑容。

微笑是社交场合的通行证，表达感情的最好方式。动人的微笑需要找到最适合的表情，熟悉再加上反复练习。经过训练的笑容，应该是可以控制、有表达力的微笑，这与我们本色的微笑不同，本色的微笑只有心中有笑意才会笑，没有笑意又没有经过训练，你是笑不出来的，也是不会笑的。可是在生活、工作中，在人与人的交往中，微笑也是一种工具，你可以用它拉近人与人之间的距离，表达你对他人的尊敬和礼貌，感谢他人的诚意和礼遇，因此我们说，在和别人交往时要懂得微笑。

## 寂寞成长，无悔青春

每个想要突破目前的困境的人首先都需要耐得住寂寞，只有寂寞才能催生一个人的成长。

曾有人在谈及寂寞降临的体验时说："寂寞来的时候，人就仿佛被抛进一个无底的黑洞，任你怎么挣扎呼号，回答你的，只有狰狞的空间。"的确，在追寻事业成功的路上，寂寞给人的精神煎熬是十分厉害的。想在事业上有所成就，自然不能像看电影、听故事那么轻松，必须得苦修苦练，必须得耐疑难、耐深奥、耐无趣、耐寂寞，而且要抵得住形形色色的诱惑。能耐得住寂寞是基本功，是最起码的心理素质。耐得住寂寞，才能不赶时髦，不受诱惑，才不会浅尝辄止，才能集中精力潜心于所从事的工作。耐得住寂寞的人，等到事业有成时，大家自然会投来钦佩的目光，这时就不寂寞了。而有着远大志向却耐不住寂寞，成天追求热闹，终日浸泡在欢乐场中，一混到老，最后什么成绩也没有的人，那就将真正寂寞了。其实，寂寞不是一片阴霾，寂寞也可以变成一缕阳光。只要你勇敢地接受寂寞，拥抱寂寞，以平和的爱心关爱寂寞，你会发现：寂寞并不可怕，可怕的是你对寂寞的惧怕；寂寞也不烦闷，烦闷的是你自己内心的空虚。

曾获得奥斯卡最佳导演奖的华人导演李安，在去美国电影学院读书时已经26岁，遭到父亲的强烈反对。父亲告诉他：纽约百老汇每年有几万人去争几个角色，电影这条路走不通的。李安毕业后，整整7年，他都没有工作，在家做饭带小孩。有一段时间，他的岳父岳母看他整天无所事事，就委婉地告诉女儿，也就是李安的妻子，准备资助李安一笔钱，让他开个餐馆。李安自知不能再这样拖下去，但也不愿拿丈母娘家的资助，决定去社区大学上计算机课，从头学起，争取可以找到一份安稳的工作。李安背着老婆硬着头皮去社区大学报名，一天下午，他的太太发现了他的计算机课程表。他的太太顺手就把这个课程表撕掉了，并跟他说："安，你一定要坚持自己的理想。"

因为这一句话，这样一位明理聪慧的老婆，李安最后没有去学计算机，如果当时他去了，多年后就不会有一个华人站在奥斯卡的舞台上领那个很有分量的大奖。

李安的故事告诉我们，人生应该做自己最喜欢和最爱的事，而且要坚持到底，把自己喜欢的事发挥得淋漓尽致，必将走向成功。

如果你真正的最爱是文学，那就不要为了父母、朋友的谆谆教诲而去经商；如果你真正的最爱是旅行，那就不要为了稳定选择一个一天到晚坐在电脑前的工作。

你的生命是有限的，但你的人生却是无限精彩的，也许你会成为下一个李安。

但你需要耐得住寂寞。7年你等得了吗？很有可能会更久。你等得到那天的到来吗？别人都离开了，你还会在原地继续等待吗？

一个人想成功，一定要经过一段艰苦的过程。任何想在春花秋月中轻松获得成功的人距离成功遥不可及。这寂寞的过程正是你积蓄力量，开花前奋力地汲取营养的过程。如果你耐不住寂寞，成功永远不会降临于你。

## 不喧哗，自有声

人生最大的自由，莫过于选择成败，成功者寥若晨星，更少有人青史留名，而失败者比比皆是。据有关学者研究证明：48%的人经历一次失败就一蹶不振了，25%的人经历两次失败就泄气了，15%的人经历三次失败也放弃了，只有12%的人经历无数次的失败后，仍不气馁，始终朝着一个方向冲刺。他们坚信，只要方向不错，方法得当，坚持不懈，锲而不舍，成功只是时间问题。人生最大的敌人是自己，战胜自己是成功者的必经之路。

李健最早涉足茶叶经营是在2001年。在这之前他经营着一家超市，由于拆迁，他只好改行和一个福建籍朋友做起了茶叶生意。那时，茶艺还处于萌芽状态，是一个新兴产业，利润空间和发展空间都比较大。

然而，李健对茶艺、茶文化一窍不通，门市开业后，面对顾客提出的有关茶的问题，他常常脸涨得通红，说不出话来，之后只得向朋友求救。看着朋友和顾客大谈茶文化，李健第一次认识到茶居然有着这样深的内涵，他喜欢上了这一行。

后来，李健和朋友的经营理念发生了分歧，生意也开始变得清淡。李健回忆，在一段时间里，他们不断地往里垫钱，根本没有回款。坚持了三个月后，李健与朋友在经营思路上的分歧越来越大，最后只好分道扬镳。于是，李健开始独自创业。

经过市场调查，他把茶叶门市地址选在了北京茶叶一条街——马连道。也许是初生牛犊不怕虎，李健当初只是想扎堆的生意好做，并没在意这一条街上对手们的来历。后来他才发现，不论是茶道还是销售，这里的人个个都是高手，而且他们都来自茶叶生产厂家，对茶有着深刻的理解，唯独他是个门外汉。

李健选定地址后看中了一间60平方米的门市，年租金4万元。他交了租金请来装修工装修门市，自己则赶往茶叶生产地采购茶叶。这是他第一次采购茶叶，由于没有经验，又缺乏茶叶知识，他采购的茶叶无论在色泽上还是质量上都给日后的批发和销售带来了困难。为了不再犯同样的错误，他买来大量有关茶叶的书，仔细研读，凡是上门的客户也都提供最优惠的价格，以便发展市场。即使这样，他的门市仍是门庭冷落。

李健开始托朋友介绍茶叶销售渠道，稍有空闲就亲自背着茶叶样品去零售店推销，有时他请人给他看门市，自己背个大袋子到偏远区县去找销售点。而很多时候，他都吃了闭门羹，偶尔听到"我们有供货方，以后考虑吧"，他都激动半天。"那时我一心想着尽快发展客户，有时一天只能吃一顿饭，一个月下来整个人都快虚脱了。"

在两个月里，他跑遍了6个城市的茶叶零售店，但是没有得到任何回报。

李健的茶叶门市经历了整整14个月的萧条后才开始复苏。在这期间，他不断听到类似他这种门外汉茶叶门市倒闭的消息，他的朋友也劝他收手。李健经过激烈的思想斗争后，咬着牙告诉朋友："我已经喜欢上了这个行业，每个行业起步都会有艰难和困苦，更何况我还没有认输。"

随着对茶经的深入了解和对市场的辛勤开拓，李健的门市从第13个月开始有了一点儿利润，就在2003年春节前的一个月，他的门市赚回了之前的所有投资，还略有盈余。2004年，李健的茶叶门市纯利润达20多万元。

事实证明：只要有恒心，铁棒也能磨成针。看一个人，不必看他辉煌耀眼、春风得意之时，而应看他身处逆境时是怎样艰难跋涉的。执着是人类的一种品格，任何天赋、才华、强势都不能代替。不积跬步，无以至千里；不积小流，无以成江海。千里之行，始于足下，做任何事情都必须有恒心。

## 不要轻易动摇，别把未来轻易输掉

有些人总是抱怨一次又一次地错失机会，就是由于他们总是在自己原本对的时候，向反对意见妥协了。在不知道自己正确与否时，只要有反对的声音，就不敢坚持自己的意见，最终错失了机遇。

哈里·盖瑞讲了一个他小时候的故事：

一天，他的老师让他站起来背诵一篇课文。当他背至某处时，响起了老师冷漠平静的声音："不对！"

他犹豫了一下，又从头开始背起。当背到相同的地方时，又是老师一声斩钉截铁的"不对"阻断了他的进程。

"下一个！"老师叫道。

哈里·盖瑞坐了下来，觉得莫名其妙。

第二个同学也被"不对"声打断了，但他继续往下背，直到背完为止。当他坐下时，得到的评语是"非常好"。

"为什么？"哈里向老师埋怨道，"我背得和他一样，你却说'不对'！"

"你为什么不说'对'并且坚持往下背呢？仅仅了解课文还不够，你必须深信你了解它。除非你胸有成竹，否则你什么都学不到。"

如果全世界都说"不"，你要做的就是说"是"，并证明给人看。在别人都说"不"的时候说"是"，说起来容易，做起来的确需要勇气。大部分人都需要其他人的附和才会坚持自己的意见，

很少有人敢于坚持自己的个性。于是，大多数人都成了芸芸众生的普通人，而那些卓尔不群、不为大多数人的意见所左右的人则成为少数的成功者。

有独立意志的人会利用人人具备的常识和事实进行探究，做出合理的假设，然后得出自己的答案，并且敢于坚持。他们自己进行思考和创造，自己制订计划并付诸实施，最终获得了机遇的青睐。

如果一个人不相信自己所做的事是正确的，屈服于来自外界的意见与批评，那么，他就会错过很多成功的机会。别人的意见未必就是正确的，一个坚持自己意见的人，才能赢得机会的青睐。

永远不要消极地认为自己什么事情也做不好。首先你要认为你能，你可以，你是正确的，再去尝试、再尝试，最后你就会发现你确实是对的，并且可以做得很好。

人最可贵的品质就是在经历艰难困苦的时候坚持自我，在恶劣环境和周围的人对你说"不"的时候，坚守内心真正的想法，并持之以恒。每一次转折，都是一次机会，只要你对自己有足够的信心，你就可以在大家不看好你的情况下抓住机遇的尾巴。

在别人说"是"的时候，我们也应该对自己有清醒的认识，不能盲从，要适时地说"不"。在鲜花与掌声面前，我们更要坚持自我，从容应对各种诱惑，不陶醉于令人痴迷的生活，努力追求自己所热爱的事情，并时时恪守自己的原则。那么，无论周围的环境如何变化，你始终是那个离目标最近的人。

第五章

你要拼命活得更好，

向着光亮奔跑

## 一心一境，方能成事

智者大师说："一切诸佛土，实皆平等。但众生根钝，浊乱者多，若不专系一心一境，三昧难成。"

每个人的出生背景不同，天赋条件各有差异，但机会均等，人人都有成大器的可能。打个比方，家庭富裕的人，创业比较容易，但太容易到手的成功，对人缺乏吸引力，难免影响创业激情。出身贫寒的人，举步维艰，但是穷则思变，过多的生活磨难能让人对成功充满渴望，激发斗志。

所以，对于创业来说，无论贫者富者，都是一利一弊，如能因利除弊，都可能大获成功。天资聪颖的人，学知识比较快捷，却可能对知识的理解流于肤浅；头脑愚钝的人，学知识比较困难，却可能因穷心钻研而理解透彻。所以，两者在成功的条件上几乎是一样的。

虽然每个人都有成大器的可能，也有成大器的意愿，但最终事成者却只是少数人。这是为什么？因为多数人不能认定目标后持之以恒。在这个世界上，值得追求的东西很多，如果什么都想要，就什么也得不到。只能选定一个目标，盯紧它，全力追赶它，不受其他目标的诱惑，才可能达成心愿。

这个道理，好比狮子追赶猎物。狮子会盯紧前面的目标穷追不舍，即使身边出现距离它更近的其他猎物，它也不会改换目标。这是为什么呢？狮子追赶猎物，不仅是速度的较量，而且是体能的较量。只要盯紧前面的目标，当猎物跑累了，十有八九会成为狮子的美餐。如果狮子改换目标，新猎物体能充沛，跑得会更快，更持久，捕捉到的可能性更小。如果狮子不断更换目标，累死了也不会有收获。

干事业也是如此，人的精力有限，能办成的事毕竟很少。如果精力分散，到头来只会两手空空。必须对一个目标穷追不舍，才可能有所收获。

禅宗慧远大师悟道，就是一个目标专一的例子。

慧远年轻时喜欢四处云游。有一次，他遇到一位嗜烟的行人，两人结伴走了很长一段山路后，坐在河边休息。那位行人给慧远敬烟，慧远高兴地接受了。由于谈得投机，那人又送给他一根烟管和一些烟草。

两人分手后，慧远心想：这个东西实在令人舒畅，肯定会打扰我禅修，时间长了一定恶习难改，还是趁早戒掉吧！于是，他把烟管和烟草都扔掉了。

过了几年，慧远迷上了《易经》，每日钻研，乐此不疲。冬日的一天，慧远写信给自己的老师索要寒衣。没想到，信寄出去很长时间，老师还没有寄衣服来。慧远用《易经》所教的方法卜了一卦，算出那封信没有寄到。他想："《易经》固然奇妙，如果我沉迷此道，怎么能全心全意参禅呢？"从此，他再也不学《易经》了。

再后来，慧远又迷上了书法，进步甚快，受到行家好评。慧远又想："我的目标不是成为书法家，何必潜心于书法？"自此，他又放弃了书法。

最后，慧远摆脱了一切爱好的诱惑，一心参悟，终成一代大师。

无论从事任何行业，要想获得令人瞩目的成功，都需要具备很强的目标专注力。这就是说，要把心力尽可能用到与目标相关的事情上，而放弃其余。

世上无所谓高尚的职业，也无所谓低贱的职业。无论任何事，只要一心一意把它做到极致，就能成就杰出。

在现代社会，机会多多。但是，过多的选择机会反而容易使人见异思迁，走上迷途。如何克服机会的诱惑？这是有志于造就一番事业者的必修课。

## 所有的逆袭，都不过是有备而来

有一位年轻人叫科波菲尔，内心一直被对生活的不满和内心的不平衡折磨着，直到一个夏天与同学尼尔尼斯乘渔船出海时，才让他一下子懂得了许多。

尼尔尼斯的父亲是一个老渔民，在海上打鱼打了几十年，科波菲尔看着他那从容不迫的样子，心里十分敬佩。

科波菲尔问他："您每天要打多少鱼？"

他说："孩子，打多少鱼并不是最重要的，关键是只要不是空手回去就可以了。尼尔尼斯上学的时候，为了缴清学费，不得不想着多打一点，现在他也毕业了，我也没有什么奢望了。"

科波菲尔若有所思地看着远处的海，突然想听听老人对海的看法。他说："海是够伟大的了，滋养了那么多的生灵。"

老人说："那么你知道为什么海那么伟大吗？"

科波菲尔不敢贸然接茬儿。

老人接着说："海能装那么多水，关键是因为它位置最低。"

古罗马大哲学家西琉斯曾经说过："想要达到最高处，必须从最低处开始。"正是因为老人把自己的位置放得很低，所以能够从容不迫，能够知足常乐。而许多年轻人有时并不能正确摆正自己的位置，总是一开始就把自己的位置摆得很高，殊不知唯有埋头从小事做起，将来才会有出头之日，如果开始时能把自己的位置放得低一些，今后就会有无穷的动力和后劲儿。

我们往往非常钦佩那些从小做到大的创业者，他们的创业过程让人听得有滋有味、羡慕不已。他们受益和成功的进程也最明显。究其原因，主要是他们开始时就把自己的位置放得很低，想着失败了自己大不了还是一个一无所有的失业人员，没有包袱，没有顾虑，更重要的是他们乐于从小事做起，埋头苦干，不计较一时的得失，眼光总是很长远，所以最终他们成功了。

其实，一个人如果能一心一意地做事，世上就没有做不好的事。这里所讲的事，有大事，也有小事，其实大事与小事，只是相对而言。很多时候，小事不一定真的小，大事不一定真的大，关键看做事者的认知能力。

东汉时期，陈蕃年少气盛并颇为自负："大丈夫当扫除天下，安事一屋？"而薛勤则与之针锋相对："一屋不扫，何以扫天下？"提出了一个立志与实践的观点。

古语云："不积跬步，无以至千里；不积小流，无以成江海。"因为小是大的基础，大是小的积累，无小则不能成其大，不能做小事的人也终不能成就大事。生活中，对于那些不起眼的小事，谁都知道应该怎样做。有的人则不屑一顾，一心只想着干大事，但有的人却做了，并乐此不疲。最后，从小事做起的人一步步走向成功，小事不做、一心想一鸣惊人的人只能在更小的事上操劳，最终一事无成。

不因事小而不为，想成就一番大事业，就必须埋头、弯腰，从小事做起，否则你将永远会为弥补小事的不足而忙碌在更小的事情上。卡耐基曾说过："如果一个人对小事不屑一顾，即使做了也不情愿，每天只想着做大事，是不能委以重任的，因为十有八九他不能把事情做好。每天只想着做大事，而不想做小事的人，肯定也没有那个能力和毅力去做大事。"可见，成功的秘诀很简单，就是把工作中的小事做好了，以小积大，最终获得成功。

真正伟大的人物从来不蔑视日常生活中的各种小事情，即使常人认为很卑贱的事情，他们都满腔热情地对待。许多事实都在启迪我们：切勿因为事小而轻易放过，切勿因事小而不为，重大的成功，重大的突破或许就凝结在这点点滴滴的小事中。居里夫人对待科学研究的每一个细节，从不轻易放过；牛顿对小小的一个苹果落地都要问其究竟……所以，古语云："子虽贤，不教不明；事虽小，不做不成。"小事不想做，不去做，又何谈成大事，实现自己的梦想？

中国有句流传千古的话："千里之行，始于足下。"要成功就必须从点滴做起，善于做小事，喜欢做小事。我们只有从小事做起，在小事中锻炼自己，才能为今后做真正的大事铺平道路。所以，无论手头上的事是多么不起眼，多么烦琐，只要你认认真真、仔仔细细埋头去做，就一定会有出头的一日。

## 生活中不是没有幽默，而是要你自己制造快乐

俄国文学家契诃夫说过："不懂得幽默的人，是没有希望的人。"

百年人生，逆境十之八九。我们在人生的旅途上，并非都是铺满鲜花的坦途，反而要常常与不如意的事情结伴而行。诸如考试落榜、工作解聘、官职被免、疾病缠身、情场失意等，都会使人叹息不止，产生强烈的失落感。有的人甚至从此一蹶不振，心理上长期处于沮丧、忧伤、懊悔、苦闷的状态，不但影响工作情绪和生活质量，而且有害于身心健康。

实际上，许多不如意的事，并非由于自己有什么过错，有时是由于自己力量不及，有时是由于客观条件不允许，有时则是"运气不佳"，有时甚至纯属天灾人祸。在这种情况下，如果面对现实，及时调整心态，不时幽默一下，就能化解困境，平衡心理，使自己从苦闷、烦恼、消沉的泥潭中解脱出来。因此，生活中的每个人都应当学会少一点失望，多一点幽默。

有的人善于运用幽默的语言行为来处理各种关系，化解矛盾，消除敌对情绪。他们把幽默作为一种无形的保护伞，使自己在面对尴尬的场面时，能免受紧张、不安、恐惧、烦恼的侵害。幽默的语言可以解除困窘，营造出融洽的气氛。

　　幽默是好莱坞的一大传统。出身好莱坞的里根也常常采用同样的幽默嘲讽手法。幽默有时很奏效，笑声使人们驱散了认为里根好斗并爱干蠢事的那种印象。有一次讲演中，针对有人抗议他在国防方面耗资巨大的问题，里根说："我一直听到有关订购 B-1 这种产品的种种宣传。我怎么会知道它是一种飞机型号呢？我原以为这是一种部队所需的维生素而已。"里根这种把昂贵的战斗机拿来开玩笑的幽默，抵消了人们对庞大的国防预算的批评。

　　还有一次，里根总统访问加拿大，在一座城市发表演说。在演说过程中，有一群反美示威的人不时打断他的演说，明显地显示出反美情绪。里根是作为客人到加拿大访问的，加拿大的总理皮埃尔·特鲁多对这种无礼的举动感到非常尴尬。面对这种困境，里根反而面带笑容地对他说："这种情况在美国是经常发生的，我想这些人一定是特意从美国来到贵国的，可能他们想使我有一种宾至如归的感觉。"听到这话，尴尬的特鲁多禁不住笑了。

　　美国心理学教授塔吉利亚认为，幽默是自我力量的最高、最佳层次。他说，到达了这一层次，一切的问题和困扰都会自行削弱，从而达到抚慰人心的效果。事实也是这样，逃避并不是超脱，需要得到超脱的是我们那种受狭隘自尊心理束缚的"一本正经"。其实，笑自己长相上的缺陷，笑自己干得不太漂亮的事情，会使你变得富有人情味。据说，法国一家销售公司的总裁，专门雇用那些善于制造快乐气氛、懂得幽默的人。他说："幽默能把自己推销给大家，让人们接受他本人，同时也接受他的观点、方法和产品。"

　　英国著名化学家法拉第，由于长期紧张的研究工作，患头痛、失眠等症，虽然经过多年医治，但还是不能根除，健康每况愈下。后来，他请了一位高明的医师，经过详细询问和检查，医师开了一张奇怪的处方，没写药名，只写了一句谚语："一个小丑进城，胜过一打医生。"开始，法拉第百思不得其解，后来逐渐悟出其中道理，便决心不再打针吃药，而是经常到马戏团看小丑表演，每次都是大笑而归。从此他的情绪逐渐松弛。不久，头痛、失眠的症状也消失了，健康状况好转起来。

这就是"一个小丑进城，胜过一打医生"的谚语典故。在生活中，每个人都希望自己快乐，也往往喜欢和有幽默感的人在一起。因为他们可以比较容易地克服逆境，可以把快乐带给大家，并赋予生活以活力和情趣，使自己的心理更加健康。

所以，当你遇到困难、挫折或是尴尬时，你不应该气馁、绝望或缩手缩脚。此时，最好的化解方法就是幽默，跟别人一起大笑一阵后，什么事都没了。幽默，既是自谦，又是自信。它不同于自轻自贱，更不同于自诩自大。当你学会了如何幽默时，你会发现，自己已经掌握了制造快乐、摆脱困境以及维护尊严的能力。

## 你只需努力，剩下的交给时光

没有人注定不幸，你绝对不比其他人更不幸。不要因为没有鞋子而哭泣，看看那些没有脚的人吧！绝对不要把自己想象成最不幸的人，否则，你就真正成了最不幸的人。

据说，世界上只有两种动物能达到金字塔顶：一种是鹰，还有一种就是蜗牛。

鹰和蜗牛，它们是如此不同：鹰矫健凶狠，蜗牛弱小迟钝。鹰凶残，捕食猎物甚至吃掉同类从不迟疑。蜗牛善良，从不伤害任何生命。鹰有一对飞翔的翅膀，而蜗牛背着一个厚重的壳。它们从出生就注定了一个在天空翱翔，一个在地上爬行，是完全不同的动物，唯一相同的是它们都能到达金字塔顶。

鹰能到达金字塔顶，归功于它有一双善飞的翅膀。也因为这双翅膀，鹰成为最凶猛、生命力最强的动物之一。与鹰不同，蜗牛能到达金字塔顶，是靠它永不停息的执着精神。虽然爬行极其缓慢，但是每天坚持不懈，蜗牛总能登上金字塔顶。

我们中间的大多数人都是蜗牛，只有一小部分拥有优秀的先天条件，成为鹰。但是先天的不足，并不能成为自暴自弃的理由。因为，没有人注定命中不幸。要知道，在攀登的过程中，蜗牛的壳和鹰的翅膀，起的是同样的作用。可惜，生活中，大多数人只羡慕鹰的翅膀，很少人在意蜗牛的壳。所以，我们处于人生低谷时，无须心情浮躁，更不要抱怨颓废，而应该静下心来，学习蜗牛，每天进步一点点，总有一天，你也能登上成功的"金字塔"。

高尔基早年生活十分艰难，3岁丧父，母亲早早改嫁。在外祖父家，他遭受了很大的折磨。外祖父是一个贪婪、残暴的老头儿。他把对女婿的仇恨统统发泄到高尔基身上，动不动就责骂和毒打他。更可恶的是，他那两个舅舅经常侮辱这个幼小的外甥，使高尔基在心灵上过早地领略了人间的丑恶。只有慈爱的外祖母是高尔基唯一的保护人，她真诚地爱着这个可怜的小外孙，每当他遭到毒打时，外祖母总是搂着他一起流泪。

高尔基在《童年》中叙述了他苦难的童年生活。在19岁那年，高尔基突然得知：他最为慈爱的、唯一的亲人外祖母，在乞讨时跌断了双腿，因无钱医治，伤口长满了蛆虫，最后惨死在荒郊野外。

外祖母是高尔基在人世间唯一的安慰。这位老人劳苦一辈子，受尽了屈辱和不幸，最后竟这样惨死。这个噩耗几乎把高尔基击蒙了。他不由得放声痛哭，几天茶饭不进。每当夜晚，他独自坐在教堂的广场上呜咽流泪，为不幸的外祖母祈祷。1887年12月12日，高尔基觉得活在人间已没有什么意义。这个悲伤到极点的青年，从市场上买了一支旧手枪，对着自己的胸膛开了一枪。但是，他还是被医生救活了。后来，他终于战胜了各种各样的苦难，成为世界著名的大文豪。

你要明白，没有人命定不幸。你的困难、挫折、失败，其他人同样可能遇到，而其他人遇到的更大的困难、挫折、失败，你却没有遇到，你绝对不比其他人更不幸。不要把自己想象成最不幸的，否则，你就真正成了最不幸的人。要知道，没有什么困难能够打垮你，唯一能够打垮你的就是你自己，那就是你把自己看作最不幸的。

许多人常常把自己看作最不幸的、最苦的，实际上大小苦难都是生活所必须经历的。苦难再大也不能丧失生活的信心与勇气。与许多伟大的人物所遭受的苦难相比，我们个人所遭到的困难又算得了什么。名人之所以成为名人，大都是由于他们在人生的道路上能够承受住一般人所无法承受的种种磨难。他们面对事业上的不顺、情场上的失意、身体上的疾病、家庭生活中的困苦与不幸，以及各种心怀恶意的小人的诽谤与陷害，没有沮丧，没有退缩，而是咬紧牙关，擦净那饱受创伤的心所流出的殷红的鲜血和悲愤的泪水，奋力抗争，不懈地拼搏，用自己惊人的毅力和不屈的奋斗精神，为人类的文明和社会的进步做出了卓越的贡献，从而成为闻名世界的伟人。

人生需要的不是抱怨、自怜，而是扎扎实实、艰苦地奋斗。人是为幸福而活着的，为了幸福，苦难是完全可以接受的。

人生的苦难与幸福是分不开的。人类的幸福是人类通过长期不懈的努力而逐步得到的，这其中要经历各种苦难，这正像人们常讲的，幸福是由血汗造就的。有些人太简单了，他们只要幸福而不要苦难。切记，拒绝苦难的人，就不可能拥有幸福。

## 勇敢地与旧生活说再见，你的美好终须自己成全

"应当惊恐的时刻，是在不幸还能弥补之时；在它们不能完全弥补时，就应以勇气面对。"

从著名女作家乔治·艾略特的自传中，人们终于知道了她为什么没有与赫伯特·斯宾塞结婚。那不是她的错，因为她非常爱他，非常想与他结婚。他们有很多共同之处，他也追求她很多年，很多人都以为他们将要结婚。

有一天，斯宾塞用抛硬币来决定是否结婚，他事先想好，如果是正面就结婚，如果是反面就不结婚。结果硬币是反面，他决定不结婚。这个决定既残酷，又草率。这深深地伤害了艾略特，因为她深深地爱着他，也期待着他的爱。她很痛苦。

在心碎数月之后。她写信给一位朋友说："我很好，很'勇敢'，我本来想把这个词换成'快乐'的。"当然，她也是幸运的，因为斯宾塞冷酷、抽象而又易怒。如果他们结婚，她所受到的痛苦可能更大，更不用说斯宾塞常年有病了。

实际上，这可以称得上是一种幸运的解脱方式。斯宾塞的个性僵硬，很多人认为他的哲学也是僵硬的。用抛硬币来决定终身大事，这样的行为如果不是出于自私，那就是他的心理有问题。由于斯宾塞一生未婚，可以说，对于其他女性来说，这也是幸运的。

当我们知道"勇气"可以代替"快乐"时，我们是幸运的，因为它揭示了生

活中的一个事实。虽然我们失去了一些东西，但是，我们同时有所得。即使我们没有运气，我们也可以有勇气。幸运也是变幻无常的，它会赋予一个人名声，赋予另一个人财富，并且可以毫无理由。勇气却是一个稳定而又可以依靠的朋友，只要我们信任它。

有句古老的谚语说："生来就拥有财富还不如生来就有好运。"这句话说得也许正确，但是，如果生来就拥有勇气则会更好。财富可能会挥霍一空，好运可能会掉头而去，而勇气则会常伴你左右。

正像乔治·艾略特面对失恋的痛苦一样，让我们用笑脸来迎接悲惨的厄运，用百倍的勇气来应付一切的不幸。勇气在哪里，成功就在哪里；勇气在哪里，生命就在哪里。

## 对未来的真正慷慨，就是把一切献给现在

希望，是一个美好的词，郝思嘉那句"明天又是新的一天"不知道鼓舞了多少来来去去的人们，让很多人心生力量去对抗眼前的苦痛和艰辛。对很多人来说，希望是维生素，让他们日日精神百倍，活力四射。其实，希望也可能是鸦片，让你迷失在对未来和对明天的憧憬中，阻碍你脚下的步伐。

昨日已成历史，明日还未可知，只有此时此刻是上天的赐予。生命的意义只能从现在去寻找。逝者已矣，来者不可追。如果我们不追求当下，就永远探触不到生命的脉动。人，不能弥补过去，也不能预测未来，唯一能做的，只有把握"现在"。不懂得把握"现在"，过去和未来都将成为落寞的烟尘。

一位智者旅行时，曾途经古代一座城池的废墟。岁月已经让这座城池显得满目沧桑了，但仔细地看却依然能辨析出昔日辉煌时的风采。智者就在此休息，他望着废墟，想象着这里曾经发生过的故事，不由得感慨万千。

忽然，他听到有人说："先生，你感叹什么呀？"

他四下里望了望，却没有人，他疑惑着。那声音又响起来，是来自那个石雕，原来那是一尊"双面神"神像。

他从未见过双面神，就好奇地问："你为什么会有两副面孔呢？"

双面神说："有了两副面孔，我才能一面察看过去，牢牢吸取曾经的教训；另

一面又可以瞻望未来，去憧憬无限美好的明天。"

智者说："过去的只能是现在的逝去，再也无法留住；而未来又是现在的延续，是你现在无法得到的。你不把现在放在眼里，即使你能对过去了如指掌，对未来洞察先知，又有什么具体的实在意义呢？"

听了智者的话，双面神不由得痛哭起来："先生啊，听了你的话，我才明白，我今天落得如此下场的根源。

"很久以前，我驻守这座城时，自诩能够一面察看过去，一面又能瞻望未来，却唯独没有好好地把握住现在。结果，这座城池便被敌人攻陷了，美丽的辉煌都成了过眼云烟，我也被人们扔在废墟中了。"

过去的事，随风而去，深陷于过去之中不能自拔，只能徒增烦恼而于事无补。同样，将来的事，就像镜花水月一样，无论多么美丽，都不能立刻变为现实，沉湎于对未来的憧憬往往让人变得不切实际或者停步不前。茫茫尘世间，人不过就是一粒浮尘，来自偶然，也不知去向何处。今世做人，就做好人的本分，不必去追问前生，亦不必去幻想来世。

"对酒当歌，人生几何？譬如朝露，去日苦多。"曹操在《短歌行》中曾用这样的诗句概叹人生苦短，要及时行乐。如果延伸开来，就是在告诫我们人生苦短，要好好把握当下。

不论是灵修大师还是佛学大师都在劝世人要"好好把握当下""活在当下"。活在当下也就意味着我们要对自己当前的状况感到满意，要相信每一个时刻发生在我们身上的事情都是最好的，要相信自己的生命正以最好的方式展开着。我们之所以抱怨现状不好，对现状不满意，是因为我们不知道还有更坏的，而如果我们不活在当下，就会永远失去当下。

现在的人们之所以总是被这样或者那样的烦恼纠缠，就是因为他们总是回忆过去或憧憬未来，而往往忽视了当下的生活，或在不断地抱怨当下的生活，所以他们得不到想要的幸福。而一个真正懂得"活在当下"的人能在"快乐来临的时候就享受快乐，痛苦来临的时候就迎着痛苦"。

活着是什么，即是对现有的生命悠然而受之，天冷了就加衣服，天热了就脱衣服；并能受而喜之。世间的因缘际会太多，一些时机被错过，因缘之路就会出现截然不同的方向。所以佛家大师才发出感慨：当下一旦有了机会，就应该牢牢把握、为此努力，否则岂不浑浑噩噩一生。

有个小和尚负责清扫寺院里的落叶。这是件苦差事，秋冬之际，每次起风，树叶总是随风飞舞。每天早上都需要花费许多时间才能清扫完树叶，这让小和尚头痛不已。他一直想要找个好办法让自己轻松些。后来有个和尚跟他说："你在明天打扫之前先用力摇树，把落叶都摇下来，后天就可以不用扫落叶了。"小和尚觉得这是个好办法，于是隔天他起了个大早，使劲地猛摇树，以为这样就可以把今天和明天的落叶一次扫干净了，他一整天都很开心。

第二天，小和尚到院子里一看，不禁傻眼了，院子里如往日一样满地落叶。这时老和尚走了过来，对小和尚说："傻孩子，无论你今天怎么用力，明天的落叶还是会飘下来。"小和尚终于明白了，世上有很多事是无法提前的，唯有认真地活在当下，才是最真实的人生态度。

"唯有认真地活在当下，才是最真实的人生态度"，故事最后这句话清楚地告诉我们，活在当下就是一种全身心地投入人生的生活方式。然而大多数的人都无法专注于"现在"，他们总是想着明天、明年甚至下半辈子的事，时时刻刻都将力气耗费在未知的未来，却对眼前的一切视若无睹，便永远也不会得到快乐。当我们存心去找快乐的时候，往往找不到，唯有让自己活在"现在"，全神贯注于周围的事物，快乐便会不请自来。

人生无常，很多事情都不是我们能预料的，我们所能做的只是把握当下，珍惜现在所拥有的一切。人只要生下来，世界就有我们的一份，凡事为此而努力。珍惜自己所拥有的一份，否则因缘际会，一错过时机，因缘又不一样了。所以，我们要抛却过去和未来，在当下的每一分钟重新开始美好的人生。

## 再牛的梦想，也抵不住傻瓜似的坚持

我们之所以没有成功，很多时候是因为在通往成功的路上，我们没能耐得住寂寞，没有专注于脚下的路。

张艺谋的成功在很大程度上来源于他对电影艺术的诚挚热爱和忘我投入。正如传记作家王斌所说的那样："超常的智慧和敏捷固然是张艺谋成功的主要因素，但惊人的勤奋和刻苦也是他成功的重要条件。"

拍《红高粱》的时候，为了表现剧情的氛围，他亲自带人去种出一块100多亩的高粱地；为了"颠轿"一场戏中轿夫们颠着轿子踏得山道尘土飞扬的镜头，张艺谋硬是让大卡车拉来十几车黄土，用筛子筛细了，撒在路上；在拍《菊豆》中杨金山溺死在大染池的一场戏时，为了给摄影机找一个最好的角度，更是为了照顾老演员的身体，张艺谋自告奋勇地跳进染池充当"替身"，一次不行再来一次，直到摄影师满意为止。

我们如果还在抱怨自己的命运，还在羡慕他人的成功，就需要好好反省自身了。很多时候，你可能就输在对事业的态度上。

1986年，摄影师出身的张艺谋被吴天明点将出任《老井》一片的男主角。没有任何表演经验的张艺谋接到任务，二话没说就搬到农村去了。

他剃光了头，穿上大腰裤，露出了光脊背。在太行山一个偏僻、贫穷的山村里，他与当地乡亲同吃同住，每天一起上山干活，一起下沟担水。为了使皮肤粗糙、黝黑，他每天中午光着膀子在烈日下暴晒；为了使双手变得粗糙，每次摄制组开会，他不坐板凳，而是学着农民的样子蹲在地上，用沙土搓揉手背；为了电影中的两个短镜头，他打猪食槽子连打了两个月；为了影片中那不足一分钟的背石镜头，张艺谋实实在在地背了两个月的石板，一天三块，每块150斤。

在拍摄过程中，张艺谋为了达到逼真的视觉效果，真跌真打，主动受罪。在拍"舍身护井"时，他真跳，摔得浑身酸疼；在拍"村落械斗"时，他真打，打得鼻青脸肿。在拍旺泉和巧英在井下那场戏时，为了找到垂死前那种奄奄一息的感觉，他硬是三天半滴水未沾、粒米未进，连滚带爬地拍完了全部镜头。

在通往成功的道路上，如果你能耐得住寂寞，专注于脚下的路，目的地就在你的前方，只要努力，你一定会走到终点；如果你专注于困难，始终想不到目的地就在离你不远的前方，你永远都走不到终点！

可能在人生旅途中我们会有理想也会有很多目标，但我们从来都不知道会遇到什么困难，所以你努力地朝着终点前进，你在过程中会变得更自信、更坚强，最终也走到了目的地。但如果你已经预测到了，我们的旅途是何等的艰辛，它困难重重，我们千方百计地去设想、规划每个可能碰到的困难，结果我们在攻克中迷失了方向，在想的过程中目的地已经离我们太远了。

## 你心里有盏灯，照亮适合自己的路

时下各种名义的聚会在年轻人中悄然流行着，也许在某次的聚会中你会遇见昔日一起毕业的好友，尽管当时你们才能相当，甚至他们不如你，但是他们现在有了自己的事业，或许成了某一阶层的"领导者"，他们之所以成功，也许是受过提拔，也许赶上了一个好的机遇，但是最重要的还是来自他们内心深处想要改变自己命运的思想。

通过下面的故事，我们来看看故事中的主人公是如何改变自己的。

美国犹太商人朗司·布拉文37岁才开始学习经商。他的父亲在洛杉矶经营一所拥有100名员工的会计师事务所，朗司·布拉文在大学学的是会计学，毕业以后他马上进了父亲的会计师事务所工作。周围人都认为他会顺其自然地成为事务所的第二代继承人，但是，他总是觉得事务所的工作不适合自己，家族的期待和财产反而成了他的噩梦，难以摆脱。

既然他不适合眼下的路，就只能离开。他辞职了，开始尝试经商。

进入商界十几年后，他的公司年交易额已达35亿日元。他主要向日本出口与体育有关的用品、服装及辅助设备等。经销地点除了公司本部的拉斯维加斯，还有日本和瑞士。他真正的理想是建立全球规模的跨国公司。

生活只能靠自己去选择和创造，所以布拉文选择了放弃会计师事务所，而去追求自己擅长的领域。

追求成功，得靠实力，追求财富也离不开自身的拼搏。只要拥有了遇事求己的坚强和自信，人人都能成为自己的救世主。改变人生只能靠我们自己，凡事不要依靠别人施舍，也不要希望财富与成功自天而降。只有将命运之舟紧紧地掌握在自己的手中，才能使它准确地驶向成功的彼岸。

## 咬咬牙，人生没有过不去的坎儿

乔治的父亲辛曾经是个拳击冠军，如今年老力衰，病卧在床。

有一天，父亲的精神状况不错，对乔治说了某次赛事的经过。

在一次拳击冠军对抗赛中，他遇到了一位人高马大的对手。因为他的个子相当矮小，一直无法攻击对方，反而被对方击倒，连牙齿也被打出血了。

休息时，教练鼓励他说："辛，别怕，你一定能挺到第12局！"

听了教练的鼓励，他也说："我不怕，我应付得过去！"

于是，在场上他跌倒了又爬起来，爬起来后又被打倒，虽然一直没有反攻的机会，但他却咬紧牙关支持到第12局。

第12局眼看要结束了，对方打得手都发颤了，他发现这是最好的反攻时机。于是，他倾尽全力给了对手一个反击，只见对手应声倒下，而他则挺过来了，那也是他拳击生涯中的第一枚金牌。

说话间，父亲额上全是汗珠，他紧握着乔治的手，吃力地笑着："不要紧，有一点点痛，我应付得了。"

在人生的海洋中航行，不会永远都一帆风顺，难免会遇到狂风暴雨的袭击。在巨浪滔天的困境中，我们更须坚定信念，随时赋予自己生活的支持力，告诉自己"我应付得了"。当我们有了这份坚定的信念，困难便会在不知不觉中慢慢远离，生活自然会回到风和日丽的宁静与幸福之中。唯有相信自己能克服一切困难的人，才能激发勇气，迎战人生的各种磨难，最后成就一番大业。记住，只要你有决心，就一定能走过人生的低谷。

卡耐基在被问及成功秘诀的时候说道："假使成功只有一个秘诀的话，那应该是坚持。"人生道路中的很多苦难和痛苦都是如此，只要熬过去了，挺住了，就没什么大不了的。

巴顿将军在第二次世界大战后的聚会上说起这么一段经历：当他从西点军校毕业后，入伍接受军事训练。团长在射击场告诉他："打靶的意义在于，哪怕你打偏了99颗子弹，只要有1颗子弹打中靶心，你也会享受到成功的喜悦。"

对于实战经验不多的新兵来说，想要命中靶心是困难的，然而当巴顿的靶位旁的空子弹壳越来越多时，他已成了富有射击经验的老兵。

战争爆发后，巴顿将军奔波于各个战场，没有安稳感，他一度对生活产生了疑问，觉得自己像一架战争机器，不知道战争究竟要到何年何月才是尽头。

但这一切仅仅持续了不到7年。这7年里，由于倔强刚烈的个性，巴顿所经历的挫折、失意，曾经那么锋利地一次次伤害过他，令他消沉，后来他才明白：它们只不过是那一大堆空子弹壳。

生活的意义，并不在于你是否在经受挫折和磨炼，也不在于要经受多少挫折和磨炼，而是在于忍耐和坚持不懈。经受挫折和磨炼是射击，瞄准成功的机会也是射击，但是只有经历了99颗子弹的铺垫，才有一枪击中靶心的结果。

只要坚持到底，就一定会成功，人生唯一的失败，就是当你选择放弃的时候。因此，当你处于困境的时候，你应该继续坚持下去，只要你所做的是对的，总有一天成功的大门将为你而开。

查德威尔是第一位成功横渡英吉利海峡的女性，但她没有满足，决定从卡塔林岛游到加利福尼亚。

旅程十分艰苦，刺骨的海水冻得查德威尔嘴唇发紫。她快坚持不住了，可目的地还不知道有多远，连海岸线都看不到。

越想越累，渐渐地她感到自己的四肢有千斤那么沉重，自己一点劲儿都使不上了，于是对陪伴她的船上工作人员说："我快不行了，拉我上船吧！"

"还有一千米就到了啊，再坚持一下吧。"

"我不信，那怎么连海岸线都看不到啊！快拉我上去！"看她那么坚持，工作人员就把她拉上去了。

快艇飞快地往前开去，不到一分钟，加利福尼亚海岸线就出现在眼前了。原来因为大雾，视线范围只有半千米。

查德威尔后悔莫及，居然离横渡成功只有一千米！为什么不听别人的话，再坚持一下呢？

拿破仑曾经说过："达到目标有两个途径——势力与毅力。势力只有少数人有，而毅力则属于那些坚韧不拔的人，它的力量会随着时间的推移而至无可抵抗。"往往，再多一点努力和坚持便收获到意想不到的成功。以前做出的种种努力、付出的艰辛，便不会白费。令人感到遗憾和悲哀的是，面对一而再再而三的失败，多数人选择了放弃，没有再给自己一次机会。所以，无论我们处于什么样的困境，遭遇多大的痛苦，我们都应该激励自己：离成功我只有一千米，只要熬过去就是胜利！

# 纵使平凡，也不要平庸

平凡与平庸是两种截然不同的生活状态：前者如一颗使用中的螺丝钉，虽不起眼，却真真切切地发挥作用，实现价值；后者就像废弃的钉子，身处机器运转之外，无心也无力参与机器的运作。

平凡者纵使渺小却挖掘着自己生命的全部能量，平庸者却甘居无人发现的角落不肯露头。虽无惊天伟绩但物尽其用、人尽其能，这叫平凡；有能力发挥却自掩才华、自甘埋没，这叫平庸。

世间生命多种多样，有天上飞的，有水中游的，有陆上爬的，有山中走的，所有生命，都在时间与空间之流中兜兜转转。生命，总以其多彩多姿的形态展现着各自的意义和价值。

"生命的价值，是以一己之生命，带动无限生命的奋起、活跃。"智慧禅光在众生头顶照耀，生命在闪光中见出灿烂，在平凡中见出真实。所以，所有的生命都应该得到祝福。

"若生命是一朵花就应自然地开放，散发一缕芬芳于人间；若生命是一棵草就应自然地生长，不因是一棵草而自卑自叹；若生命好比一只蝶，何不翩翩飞舞？"芸芸众生，既不是翻江倒海的蛟龙，也不是称霸林中的雄狮，我们在苦海里颠簸，在丛林中避险，平凡得像是海中的一滴水、林中的一片叶。海滩上，这一粒沙与那一粒沙的区别你可能看出？旷野里，这一堆黄土和那一堆黄土的差异你是否能道明？

每个生命都很平凡，但每个生命都不卑微。所以，真正的智者不会让自己的生命陨落在无休无止的自怨自艾中，也不会甘于身心的平庸。

你可见过在悬崖峭壁上卓然屹立的松树？它深深地扎根于岩缝之中，努力舒展着自己的躯干，任凭阳光暴晒，风吹雨打，在残酷的环境中它始终保持着昂扬的斗志和积极的姿态。或许，它很平凡，只是一棵树而已，但是它并不平庸，它努力地保持着自己生命的傲然姿态。

一只老鼠掉进了一只桶里，怎么也出不来。老鼠吱吱地叫着，它发出了哀鸣，可是谁也听不见。可怜的老鼠心想，这只桶大概就是自己的坟墓了。正在这时，一只大象经过桶边，用鼻子把老鼠吊了出来。

"谢谢你，大象。你救了我的命，我希望能报答你。"

大象笑着说："你准备怎么报答我呢？你不过是一只小小的老鼠。"

过了一些日子，大象不幸被猎人捉住了。猎人用绳子把大象捆了起来，准备等天亮后运走。大象伤心地躺在地上，无论怎么挣扎，也无法把绳子扯断。

突然，小老鼠出现了。它开始咬着绳子，终于在天亮前咬断了绳子，替大象松了绑。

大象感激地说："谢谢你救了我的性命！你真的很强大！"

"不，其实我只是一只小小的老鼠。"小老鼠平静地回答。

这个寓言让我们懂得：每个生命都不卑微，都是大千世界中不可或缺的一环，都在自己的位置上发挥着自己的作用。

每个生命都有自己绽放光彩的刹那，即使一只小小的老鼠，也能够拯救比自己体型大很多的巨象。故事中的这只老鼠正是一位"有道者"，一个真正有道的人，即使别人看不起他，把他看成是卑贱的人，他也不受影响，因为他知道自己的人格、道德，不一定要求别人来了解、来重视。他依然会在自己的生命之旅中将智慧的种子撒播到世间各处。

有人说："平凡的人虽然不一定能成就一番惊天动地的大事业，但对他自己而言，能在生命过程中把自己点燃，即使自己是根小火柴，发出微微星火也就足够了；平庸的人也许是一大捆火药，但他没有找到自己的引线，在忙忙碌碌中消沉下去，变成了一堆哑药。"

也许你只是一朵残缺的花，只是一片熬过旱季的叶子，或是一张简单的纸、一块无奇的布，也许你只是时间长河中一个匆匆而逝的过客，不会吸引人们半点的目光和惊叹，但只要你拥有积极的心态，并将自己的长处发挥到极致，就会成为成功驾驭生活的勇士。

## 把"我不可能"彻底埋葬

在自然界中，有一种十分有趣的动物，叫作大黄蜂。曾经有许多生物学家、物理学家、社会行为学家联合起来研究这种生物。根据生物学的观点，所有会飞的动物，必然是体态轻盈、翅膀十分宽大的，而大黄蜂这种生物的状况，却正好跟这个理论反其道而行之。大黄蜂的身躯十分笨重，而翅膀却出奇短小，依照生物学的理论来说，大黄蜂是绝对飞不起来的。物理学家也说，大黄蜂的身体与翅膀的比例，根据流体力学的观点，是绝对没有飞行可能的。简单地说，大黄蜂这种生物，是根本不可能飞得起来的。

可是，在大自然中，只要是正常的大黄蜂，却没有一只是不能飞行的，甚至它飞行的速度并不比某些飞行动物慢。这种现象，仿佛是大自然和科学家们开了一个很大的玩笑。最后，社会行为学家找到了这个问题的答案。很简单，那就是——大黄蜂根本不懂"生物学"与"流体力学"。每一只大黄蜂在它成熟之后，就很清楚地知道，它一定要飞起来去觅食，否则必定会活活饿死。这正是大黄蜂之所以能够飞得那么好的奥秘。

由此可见，这世上没有绝对的"不可能"，只要敢于拼搏，一切皆有可能。

谈到"不可能"这个词，我们来看一看著名成功学大师卡耐基年轻时用的一个奇特的方法。

卡耐基年轻的时候想成为一名作家。要达到这个目的，他知道自己必须精于遣词造句，字典将是他的工具。但由于家里穷，接受的教育并不完整，因此"善意的朋友"就告诉他，说他的雄心是"不可能"实现的。

后来，卡耐基存钱买了一本最好的、最完全的、最漂亮的字典，他所需要的字都在这本字典里，而他对自己的要求是要完全了解和掌握这些字。他做了一件奇特的事，他找到"impossible（不可能）"这个词，用小剪刀把它剪下来，然后丢掉。于是他有了一本没有"不可能"的字典。从此他把整个事业建立在这个前提下，对一个要成长，而且超过别人的人来说，没有任何事情是不可能的。

当然，并不是建议你从你的字典中把"不可能"这个词剪掉，而是建议你要从你的脑海中把这个观念铲除掉。谈话中不提它，想法中排除它，态度中去掉它、抛弃它，不再为它提供理由，不再为它寻找借口。把这个词和这个观念永远地抛开，而用光明灿烂的"可能"来代替它。

翻一翻你的人生词典，里面还有"不可能"吗？可能很多时候，在我们鼓起雄心壮志准备大干一场时，有人好心地告诉我们："算了吧，你想的未免也太天真、太不可思议了，那是不可能的事情。"接着我们也开始怀疑自己："我的想法是不是太不符合实际了，那是根本不可能达到的目标。"

假如回到 500 年前，如果有人对你说，你坐上一个银灰色的东西就可以飞上天，你拿出一个黑色的小盒子就能够跟远在千里之外的朋友说话，打开一个"方柜子"就能看到世界各地发生的事情……你也同样会告诉他"不可能"。但是今天，飞机、手机、电视甚至宇宙飞船都已变成现实了。正如那句老话所说的："没有做不到，只有想不到。"奇迹在任何时候都可能发生。

纵观历史上成就伟业的人，往往并非那些幸运之神的宠儿，而是那些将"不可能"和"我做不到"这样的字眼从他们的字典以及脑海中连根拔去的人。富尔顿仅有一只简单的桨轮，但他发明了蒸汽轮船；在一家药店的阁楼上，迈克尔·法拉第只有一堆破烂的瓶瓶罐罐，但他发现了电磁感应；在美国南方的一个地下室中，惠特尼只有几件工具，但他发明了锯齿轧花机；豪·伊莱亚斯只有简陋的针与梭，但他发明了缝纫机；贫穷的贝尔教授用最简单的仪器进行实验，但他发明了电话。

美国著名钢铁大王安德鲁·卡内基在描述他心目中的优秀员工时说："我们所急需的人才，不是那些有着多么高贵的血统或者多么高学历的人，而是那些有着钢铁般的坚定意志，勇于向工作中的'不可能'挑战的人。"

这是多么掷地有声、发人深省的一句话啊！

每一位在生活中，在职场上拼搏并希望获得成功的人，都应该把这句话铭刻在自己的记忆深处。敢于向"不可能"发出挑战，一切皆有可能。

## 勤奋的人，没空去感受痛苦

有句话是："为自己想要的忙碌，如此即无暇担忧你不想要的。"人一生会遇到许多大大小小令人痛苦的事情，如果人能一心专注于自己的梦想，并为自己的梦想辛勤地工作，心无旁骛就无暇感受痛苦，取而代之的是沉浸在辛勤地工作带来的喜悦当中。当然这并不是一种麻木的逃避，而是化悲痛为力量的一种行为。当通过自己的辛勤努力获得成功后，获得的喜悦也将会是更大的。

有一位熨衣工人，周薪只有 60 元，一家住在拖车房屋中。他的妻子上夜班，虽然夫妻俩都在工作，但赚到的钱也只能勉强糊口。他们的儿子耳朵发炎，他们只好连电话也拆掉，省下钱为儿子治病。

这位工人有一个梦想，就是希望成为作家。他夜间和周末都不停地写作，打字机的噼啪声不绝于耳。他的余钱全部用来支付邮费，寄原稿给出版商和经纪人。令他沮丧的是，他的作品全被退回了。退稿信很简短，非常公式化，他甚至不敢确定出版商和经纪人究竟有没有看过他的作品。

一天，他读到一部小说，令他记起了自己的某部作品，他把作品的原稿寄给那部小说的出版商，出版商把原稿交给了皮尔·汤姆森。几个星期后，他收到汤姆森的一封热诚亲切的回信，说原稿的毛病太多。不过汤姆森的确相信他有成为作家的希望，并鼓励他再试试看。

看到希望的他在此后的18个月里，又给编辑寄去两份原稿，但都被退回了。他开始试着写第三部小说，不过由于生活逼迫，经济上捉襟见肘，他开始变得有些力不从心。一天夜里，他把原稿扔进了垃圾桶。第二天，他的妻子把原稿捡了回来。妻子告诉他："你不应该半途而废，特别是在你快要成功的时候。"他瞪着那些稿纸发愣。也许他已不再相信自己，但妻子却相信他会成功，一位他从未见过面的纽约编辑也相信他会成功。

于是他坚定下来，决定付出更大的努力，因此他每天都坚持写1500字。写完了以后，他把小说寄给汤姆森，收到小说的汤姆森出版公司决定出版并预付了2500美元给这位工人。经典恐怖小说《嘉莉》就此诞生，这位工人便是史蒂芬·金。这本小说后来销售了500万册，还被摄制成电影，成为1976年最卖座的电影之一。

诺贝尔经济学奖得主萨缪尔森说："辛勤的蜜蜂永远没有悲伤的时间。"

宋濂与刘基、高启并称为明初诗文三大家。明朝初立，朝廷礼乐制度多为宋濂所制定。他学识渊博，著作丰富，被朱元璋称为"开国文臣之首"，刘基赞许他"当今文章第一"，四方学者称他为"太史公"。享有如此高的成就与宋濂勤恳苦学的精神是分不开的，他曾写下自己求学时的勤恳艰辛情况：

宋濂小时候就特别喜爱读书。因为家里贫穷，无法支付额外的买书费用，因此常常向藏书的人家去借书，借来之后就亲手抄写，计算着日期按时送还。天气寒冷的时候，砚池里的墨水都结成坚硬的冰，手指冻得僵硬以致不能弯曲和伸直，但即便如此，宋濂也没有片刻倦怠。抄写完了，就赶快送还，不敢稍稍超过约定的期限。因此有藏书的人都愿意把书借给他，这样他就有机会阅读到很多书。

到了二十来岁的时候，宋濂愈加仰慕古代圣贤的学说，可是担心没有才学渊博的老师和名人相交往请教。为了得到良师益友的指点，宋濂曾经跑到百里以外向同乡有名望的前辈拿着书请教。前辈道德、声望高，高人弟子挤满了他的屋子，他从来没有把语言放委婉些，把脸色放温和些。宋濂每每恭敬地站在他旁边，提出疑难，询问道理，弯着身子侧着耳朵请教。有时遇到他斥责人，谨慎的宋濂表情更加恭顺，礼节更加周到，一句话都不敢说；等到前辈高兴了，就又向他请教。宋濂因此获益良多。

当宋濂出游去拜师求学的时候，背着书籍，拖着鞋子，在深山大谷中奔走，深冬刮着凛冽的寒风，大雪有几尺深，脚上的皮肤冻裂了都不知道。等走到旅舍，宋濂的四肢冻僵了不能动弹，服侍的人拿来水给他洗手暖脚，拿被子给他盖上，过很久才暖和过来。在旅馆里，宋濂更是勤勉艰苦，每天只吃两顿饭，没有鲜美的食物可以享受。一起住在旅馆的同学们，都穿着华美的衣服，戴着红缨和宝石装饰的帽子，腰上佩戴白玉环，左边佩着刀，右边挂着香袋，闪光耀眼得好像仙人。宋濂穿着破棉袄、旧衣衫生活在他们中间，但他毫无羡慕之心。因为宋濂心中有自己的乐趣，所以感觉不到吃穿的享受不如别人了。

锦衣玉食的奢靡生活并不是宋濂所想要的，他一心追求的是迈向学问的高峰，热衷于自己心中乐趣的宋濂又怎么会有空去感受他不需要的东西呢！更无须为这些不需要的东西而感到痛苦。

大凡成功者都有这样的感悟，勤劳并不是受罪。"勤劳一日，可得一夜安眠；勤劳一生，可得幸福长眠。"

第六章
紧紧抓住爱，
用力狠狠爱

## 没有一场深刻的恋爱，人生等于虚度

感情是说不清也道不明的，也是生活中最难解释的，感情最难的不在于是不是两个人真的就爱了，而是难于爱的维持与持久，两个人在一起一天好走，但走一辈子很难。生活毕竟是现实的，人也是需要经历这样那样的考验，不单单是一句"我爱你"就能解决的。

人生中会有很多意想不到的事情，人们要有足够的耐心去面对。人就是这样的，总要经历一些事情，才会明白一些道理，虽然人生变化多端，但是两个真正相爱的人是要经受考验才能懂得更加珍惜对方。虽然男人会有心事，女人也会有抱怨，但是作为一个男人要记住这样的一句话：不要轻易让一个女人受伤。作为女人也应该记住：不该让男人太累。两个人只有相互理解、尊重，才能让爱情变得更加长久与幸福。

人世间有一个"情"字，就注定了有很多人会为情所伤。因为感情确实是很复杂的东西，因为它的敏感与细致，所以往往会让人毫无保留，也就是到最后放下了自身的防御，这个时候如果受伤，将会伤得很严重。有人说，感情向来都是双面的刃，感情既可伤害别人也可以伤害自己，它既可以有光华耀眼的美丽，也会有让人锥心刺骨的痛楚。

其实，每个人都知道，一个值得爱的人并不是很容易找到的，大千世界又是那么的大，有时候人们可能要花费几年的时间，甚至是几十年的时间来寻找这个人，这个寻找的过程是很辛苦的，这其中也会有烦恼、忧愁，彷徨、失落，一旦找到后千万不要轻易放弃。因为感情的伤口是很难愈合的，即使是愈合了也会留下一道伤疤，在过后的漫长岁月里，只要有个阴雨斜风，人们都会隐隐作痛。

一个真正懂得爱的男人是不会让一个女人受伤的，不管这个女人是不是他的最爱，男人都应该有他应尽的责任，但并不是所有的男人都一样的善良。

对一个好男人来说，如果一个女人是自己的最爱，那么伤害她还不如伤害自己，更何况，爱一个人不就是要她能获得幸福吗？如果你不爱她，那么就不要轻易地开始，一旦开始就不要轻易结束。

在当今的社会，不管是少男少女，还是成熟男女，每个人都无法与爱情抗争，如果说有人快乐着，那就必定意味着会有人痛苦着。

在爱的世界里，两个人难免会有不理解和伤害对方的时候，但如果人们在做每件事之前都为双方考虑，那么一切的问题与困难自然就会迎刃而解了！要想爱情甜蜜，婚姻美满，那么就请互相理解吧。一份完美的爱情和一个美满的家庭，都要靠互相尊重和理解才能经营下去。

不是每个男人都是骑着白马的王子，所以，女人不要对自己的另外一半过于苛求，平时不要总嫌弃对方不够高大和英俊，也不要责怪他送给你的只是一双手套而不是九十九朵玫瑰，你要知道这种平淡的爱才是最真实与自然的。

不是所有的男人都会把爱挂在嘴边，所以，女人不要总是逼着男人回答"你爱我吗"，或者当男人回答得不够干脆时就心生怀疑，不要让他把这种回答变成一种无奈的习惯。女人要相信真正的爱是不用说出来的，爱的行为也会让人沉浸在无言的感动里，当男人静静地看着你微笑时，当他轻轻地抚摩你的头发时，当他自然地牵着你的手时，你要相信，这就是爱。

不是每个男人都善于反驳，所以，当出现误会而对方表现得沉默不语时，请不要推开他。也许在他看来那只是一件他绝不会做的事，一个真正的男人对待事实，往往不会有太多解释。

要知道，男人不是超人，所以，当他不能在你有困难时第一时间出现的时候，请不要过于责难他，因为在你无助时他不能守在你的身边，那份担心已经是对他最大的惩罚。当他事后关心地询问时，女人不要不理睬，不要生气地扭过头去。你只要温柔地告诉他已经没事了，不要牵挂，那就是最好的回答。

也许，男人总搞不懂女人在想什么。所以，当女人故意说不理他，他却真的走开时，请不要在那儿跺脚生气，发誓要惩罚他。要知道，此时一头雾水的男人心里比你还要郁闷。如果男人总不能领会你的意思，那么，就请女人明白地告诉他，这样的话两人都会轻松许多，而女人也可以得到你真正想要的，为什么不呢？

男人也要有自己的生活。他们也许会迷恋游戏，也许会约朋友一起出去喝酒、打牌。这个时候，女人请不要短信电话步步紧逼，也不要逼问他为什么不带你一块前往。每个人都需要有自己的空间。

女人给彼此足够的空间才会有新鲜的空气。男人也会有受伤的时候，也会有莫名的低落情绪。所以，当他的脸上写满疲惫，眼中充满厌倦，工作充满无奈与抱怨时，请不要在这个时候去追问他是不是不爱你了。要知道，这个时候说甜言蜜语哄人，谁也做不到。女人此时只要安静地陪在他身边就好。

总说，男人不懂女人心，可有时候，女人是不是也会常常忽略他们的感受呢？男人有义务陪女人，又没有权利放弃工作。在坚强的标志下，男人只有一并承担。

生活本来就很让人疲惫，当男人在为将来打拼的时候，女人就让男人好好休息吧。

相反，男人不该让女人伤心，女人生来就是需要被呵护的。在女人理解男人的时候，男人该用一颗真诚的心去回报女人对自己的爱！

# 有些人，经不起等待

从前，有一座圆音寺，每天都有许多人上香拜佛，香火很旺。在圆音寺庙前的横梁上有个蜘蛛结了张网，由于每天都受到香火和虔诚的祭拜的熏陶，蜘蛛便有了佛性。经过了一千多年的修炼，蜘蛛的佛性增加了不少。

忽然有一天，佛祖光临圆音寺，看见这里香火甚旺，十分高兴。离开寺庙的时候不经意间看见了横梁上的蜘蛛。佛祖停下来，问这只蜘蛛："你我相见总算是有缘，我来问你个问题，看你修炼了这一千多年来，有什么真知灼见？"

蜘蛛遇见佛祖很是高兴，连忙答应了。佛祖问道："世间什么才是最珍贵的？"蜘蛛想了想，回答道："世间最珍贵的是'得不到'和'已失去'。"佛祖点了点头，离开了。

蜘蛛依旧在圆音寺的横梁上修炼。

有一天，刮起了大风，风将一滴甘露吹到了蜘蛛网上。蜘蛛望着甘露，见它晶莹透亮，顿生喜爱之意。蜘蛛看着甘露，它觉得这是它最开心的几天。突然，又刮起了一阵大风，将甘露吹走了，蜘蛛很难过。这时佛祖又来了，问蜘蛛："蜘蛛，世间什么才是最珍贵的？"蜘蛛想到了甘露，对佛祖说："世间最珍贵的是'得不到'和'已失去'。"佛祖说："好，既然你有这样的认识，我让你到人间走一趟吧。"

蜘蛛投胎到了一个官宦家庭，成了一个富家小姐，父母为她取了个名字叫蛛儿。很快蛛儿到了16岁，出落成了个楚楚动人的少女。

这一日，皇帝决定在后花园为新科状元郎甘鹿举行庆功宴席。宴席上来了许多妙龄少女，包括蛛儿，还有皇帝的小女儿长风公主。状元郎在席间表演诗词歌赋，大献才艺，在场的少女无不被他折服。但蛛儿一点也不紧张和吃醋，因为她知道，这是佛祖赐予她的姻缘。

过了些日子，蛛儿陪同母亲上香拜佛的时候，正好甘鹿也陪同母亲而来。上完香拜过佛，两位长辈在一边说上了话。蛛儿和甘鹿便来到走廊上聊天，蛛儿很开心，终于可以和喜欢的人在一起了，但是甘鹿并没有表现出对她的喜爱。蛛儿对甘鹿说："你难道不记得16年前圆音寺蜘蛛网上的事情了吗？"甘鹿很诧异，说："蛛儿姑娘，你很漂亮，也很讨人喜欢，但你的想象力未免太丰富了一点吧。"说罢，便和母亲离开了。

几天后，皇帝下诏，命新科状元甘鹿和长风公主完婚，蛛儿和太子芝草完婚。这一消息对蛛儿如同晴天霹雳，她怎么也想不通，佛祖竟然这样对她。几日来，她不吃不喝，生命危在旦夕。太子芝草知道了，急忙赶来，扑倒在床边，对奄奄一息的蛛儿说道："那日，在后花园众姑娘中，我对你一见钟情，我苦求父皇，他才答应。如果你死了，那么我也就不活了。"说着就拿起了宝剑准备自刎。这时，佛祖来了，他对快要出窍的蛛儿的灵魂说："蜘蛛，你可曾想过，甘露（甘鹿）是风（长风公主）带来的，最后也是风将它带走的。甘鹿是属于长风公主的，他对你不过是生命中的一段插曲。而太子芝草是当年圆音寺门前的一棵小草，它看了你三千年，爱慕了你三千年，但你却从没有低下头看过它。蜘蛛，我再问你，世间什么才是最珍贵的？"蜘蛛一下子大彻大悟，它对佛祖说："世间最珍贵的不是'得不到'和'已失去'，而是现在能把握的幸福。"刚说完，佛祖就离开了，蛛儿的灵魂也回位了，她睁开眼睛，看到正要自刎的太子芝草，马上打落宝剑，和太子深情地抱在一起……

虽说爱情需要用心去等候和追求，然而生命也常常在这种固执的等待中悄然流逝了，人们却并不懂得，如何去珍惜身边的和已经拥有的；他们也不知道，自己已经得到的，其实就是最大的幸福、最真的爱情。

缘分天注定，"得之我幸，失之我命"，唯一要懂得的是：珍惜眼前人。

## 在爱里，从来没有太晚的开始

如果上帝告诉你，会赐予你一段独一无二的真爱，你会愿意用多久的时间去守候？

有人也许会说："一个月。"他用一个月的时间进行各种努力，让真爱靠近。有人也许会说："一年。"一年的光阴足够考量他的耐心与诚意。也有人会说，十年，毕竟是真爱啊，值得用久一点的时间来等候。只有为数不多的人，没有任何话语，却用自己一生的时间去守候自己心里唯一的爱。

到底有多少人在用十年的时间来等待一份真爱的来临呢？大部分的人，积极寻求属于自己的真爱，但是也许是时间不对，也许是没有机缘，又或者是距离导致分离。在等候真爱的漫长光阴里，太多的人有太多的无奈与遗憾。

在我们的生活里，不是每一个人都能拥有一份幸运，在爱情刚刚萌芽的时候就能拥有一份契合的真爱。太多的人在不懂爱情的时候开始了自己的真爱，可是因为不成熟，因为错过，因为误会，我们最终失去了真爱。可是还有更多的人在真爱还没有到来之前，因为耐不住长久的等待，随便凑合过了一生。因为我们都害怕，害怕关于真爱，只是一个永远不可能实现的童话。

现实中却偏偏存在着这样的童话。

2006年年底，49岁却依然单身的铁凝当选中国作家协会主席，此后她的情感生活就成为人们关注的焦点。每当有记者问及此事，铁凝常常会提起1991年，34岁的她与冰心老人的一次对话。

冰心老人问："铁凝，你有男朋友了吗？"铁凝说："哎呀，我还没找呢。"她说："你不要找，你要等。"冰心给予铁凝这样一个贴心的忠告是用自己那丰富的人生智慧告诉她，这个等不是一个被动的躲闪，它里边其实也有一个积极的等待。这当中的种种的不适合你的没必要凑合。但是时机真来了的话，相信你也不会错过。

2007年4月26日，铁凝与经济学家华生结为秦晋之好，这是50岁的铁凝第一次品尝婚姻的甜蜜。谈到对丈夫华生的评价，铁凝只说了一句话：他是我一生可以相依为命的人。

面对这一次真爱的守候，铁凝是这样说的："我不是一个独身主义者，我从来没有做过这样的宣布，随着年龄的增长，你会觉得两个人走在一起，甘心情愿地在一起生活、过日子，不是很容易的事。二十岁的时候，你可能会觉得很容易。但当你的年龄一天天变大以后呢，你越发会觉得，有一个你甘心情愿跟他相伴终生的人很不容易。"

真爱就是有一天那个人走进了你的生命，然后陪着你一起慢慢变老。到那一刻，你会明白，真爱总是值得等待的。真爱因为得之不易，因为经得起等待，所以才会让我们能更加体验到其中的甜蜜与幸福。

## 比坚持更难的是放手

有人说初恋是轻音乐，热恋是狂想曲，那么失恋呢？失恋可能是令人难忘也难眠的小夜曲。尽管谁都不愿意失恋，但从人们恋爱的总体上说，失恋是难以避免的，也是我们无法刻意掌控的。失恋是痛苦的，但在这种痛苦面前，有的人能做出理智的选择，有的人则陷入了情感冲动的泥潭，严重地影响了自己的正常生活。

琳达和男朋友分手了，处在情绪低落中，从他告诉她应该停止见面的那一刻起，琳达就觉得自己整个人都被毁了。她吃不下睡不着，工作时注意力无法集中，人一下消瘦了许多，有些人甚至认不出琳达来。

她来到当初她与以前的男友约会的公园里，伤心地哭了起来，她哭得很悲戚。她不明白为什么男孩不再爱她了。渐渐地，她由伤心变成了不甘心，又由不甘心变成了怨恨，她不甘心自己的爱为什么不能换来同样的回报，她怨恨他太狠心，太无情。她越哭越悲伤，难以遏制，陷于强烈的失落、自卑和悔怨中不能自拔。

一个长者知道她为什么而哭之后，并没有安慰，而是笑道："你不过是损失了一个不爱你的人，而他损失的是一个爱他的人。他的损失比你大，你恨他做什么？不甘心的人应该是他呀。再说，他已经不爱你了，你还要伤心、怨恨，来让这份失败的感情阻碍你今后的生活吗？"姑娘听了这话，忽然一愣，转而恍然大悟。她慢慢擦干泪，决定重新振作，投入新的生活。

是啊，当爱情离我们远去的时候，我们要尽力挽留；当我们无法挽留的时候，最好的处理方式，就是忘掉，忘掉以前的愉快和不愉快。当我们学会了忘记，才会真正地解脱，才会学会宽容。

恩格斯在21岁那年，曾失恋过一次。他在自己的日记中写道："还有什么比失恋更高尚、更崇高的痛苦——爱情的痛苦更有权利向美丽的大自然倾诉！"他果然去向大自然倾诉了，他越过了阿尔卑斯山，又到了意大利，很快在大自然的怀抱中医治了心灵的创伤，达到了心理的平衡。

普希金在失恋后也远走高加索，参与对土耳其的作战，在硝烟弥漫中冲洗掉失恋的惆怅。试想，一个经过生命与死亡痛苦挣扎的人，还会怕其他痛苦吗？相比之下，失恋的痛苦只不过是像被蚂蚁叮过一样，只是有点微痛而已。

文学巨匠歌德才华出众，他一生经历了十几次恋爱，每次他都全身心地投入，把自己全部的热情奉献给对方，但一次又一次都未取回感情的"投资"。当他意识到爱情已面临破灭的边缘，有可能给对方带来灾难时，他立即从对方身边离开，不给对方带来痛苦，也及时地挽救了自己。

23岁那年，他又深深地爱上了一个叫夏绿蒂的少女，哪知她已经有了未婚夫，歌德又一次遭受沉重的打击，只好默默地离去。这已经是他的第5次失恋了。为此他痛苦至极，把一把匕首放在枕头底下，几次想到自杀，但后来终究还是下不了手，他把全部的精力投身到文学创作中去，及时地以工作热情补偿了感情上的失落，以事业的成功补偿了失恋的痛苦。

失恋并不意味着永远失去幸福，失去感情生活。感情满足的方式也不仅仅是爱情、亲情、友情，甚至是来自工作、学习的快乐也可以补偿因失恋造成的心理平衡。

"失去了她，我才遇见你"，这是一份无法企及的美丽。多一分坚强，失恋的人照样可以光鲜亮丽地生活，因为生命比我们预料的要顽强、要博大。

# 走好爱情的斑马线

爱情是维系社会人间的一股力量，既然人是由爱而生，就不能离开爱。爱有正当的，有不正当的。正当的爱就是绿灯，不正当的爱就是红灯。

放弃一个爱你的人并不痛苦，放弃一个你爱的人才是痛苦，爱上一个不爱你的人更加痛苦。爱情必须是双向的才能开花结果，所以在对待爱情这条路时，必须要遵守红绿灯规则。

人生于爱，自然就不能离开爱情。而所谓的绿灯的爱，就是合乎人伦道德、合乎社会公论的。正当的爱有合法的对象、合法的婚礼、合法的关系、合法的时空等。红灯的爱，是不合乎伦理道德、不合乎身份、不合乎规律的，是社会所不认同的。例如，没有获得对方同意，一厢情愿地追求，甚至以非法手段强迫对方顺从，乃至骗婚、抢婚、重婚等法律所不允许的行为。这种红灯的爱，前途必定充满危险。

真正的爱情，即便是在情感浓厚的时候，也不会失去理智；只有在双方你情我愿的情况下结合，爱情才会长久。虽然爱情常会令人变得盲目，但理智还要存在于相爱之人的内心当中。如果爱得过分，乱了方寸，失了方向，最后不知道该怎样去爱对方，这样的爱通常都会滋生不尽的痛苦和烦恼。

20世纪30年代上演的一部名为《盲目的爱情》的电影，讲述同窗好友俞汝南和尤温，同时爱上了女伶王幽兰。幽兰属意汝南，于是多次婉拒尤温的邀请。一日，尤温眼见幽兰、汝南相处，妒火中烧，打瞎了汝南的眼睛。幽兰誓为汝南报仇，却被尤温关禁于土窟。汝南整日沉溺于思念中，其表兄蔡君偶闻幽兰已与尤温私奔。遂骗汝南，说幽兰已死。时光荏苒，两人俱已年老，幽兰终于逃出土窟，来见汝南。汝南摸得幽兰枯老的面孔头发，怒斥用一个老丑妇人来假扮幽兰。幽兰大受刺激，拔刀自刎。临终忍痛唱一首幽兰曾经唱过的歌。汝南幡然省悟，然而幽兰已含泪九泉。

俞汝南、尤温、幽兰三人间的爱情悲剧深深地触动着人心，同时告诉世人，盲目的爱情有多么可怕。

曾经在日本有一对青年恋人，在爱情最浓烈时，双双跳入火山口中，让他们的爱情永垂不朽。还有一次，一群年轻人到山上探险，在一个废弃屋子的厕所里看到了一对拥抱的干尸。经过警方的查实，这对男女因为遭到父母的反对，于是在废屋的厕所里烧炭自尽，以死的方式来证明彼此相爱。

这种爱虽然真挚、震撼人心，却是不可取的。爱的确是无比纯洁的，但是为了爱而做的付出，便要看看哪些是值得的，哪些是不值得的。因为爱而失去生命，死亡的人不会痛苦，死者的亲人却要饱尝悲痛。

人所共知，爱情之火活跃、激烈、灼热，但爱情也是一种朝三暮四、变化无常的感情，它狂热冲动，时高时低，忽冷忽热，把我们系于一发之上。爱情的不定性让人们常常失去理智。所以人们应当了解哪些是红灯的爱，哪些是绿灯的爱。

在爱情这条斑马线上，看清红绿灯，才能审慎前进，才能让自己在爱情的道路上走得更加顺畅，获得幸福的生活。

## 爱，就是那一瞬间的低头

在公开场合，丈夫总会拉起她的手向新朋友自豪地介绍：她就是我温柔、漂亮的妻子。

这让她所有的女友都羡慕不已。

有一天，一位女友跑来向她倾诉婚姻的不幸。

女友说丈夫在家中喜欢开窗，而女友不喜欢开窗，总是趁着丈夫不注意悄悄把窗户关上，不知道是否因为这个原因，丈夫对自己日渐冷漠……

她只是静静地听，什么也没说。

听完后，她把女友带到书房，书房里悬挂着一幅巨大的照片，背景是上海著名的足球场。照片上，她与丈夫幸福相拥，她的笑容像绽放的花朵一样明艳夺目。女友心中产生了疑问："你喜欢足球吗？"她平静地回答道："不，我不喜欢足球，只喜欢看书与养花。"

她又把女友领到自己的卧室，推开房门，女友眼前出现了非常奇特的一幕：地板全部是绿色的，房间里到处悬挂着罗纳尔多的画像，连枕巾上居然都印有足球的图案。

女友对眼前看到的再一次产生了更大的疑问："你不喜欢足球，为什么把房间布置得像个足球场？"

她仍然以平静的口吻回答："我先生喜欢。"

女友越发糊涂了："但是你不喜欢呀！"

这次，她微笑着反问："想一想，为一个直径只有20厘米左右的足球，而伤害了与我共度了那么多日日夜夜、陪我走过了那么多风风雨雨的男人，值得吗？况且，仅仅如此而已，我还是依然喜欢着我的书与花，喜欢着作为女人喜欢的事。"

女友被触动了。

看着她那灿烂的笑容，女友顿时有豁然开朗之感。

那天傍晚，女友早早打开窗户站在窗前等候丈夫出现在视野里。

第二天，出门的那一刻，女友终于看到了丈夫嘴角久违的笑意。这天上午，女友一共收到丈夫连续发来的五个短信，内容都是相同的三个字：我爱你。

美国作家塞缪尔·约翰逊在他的小说中有一段关于婚姻的理解："婚姻的成功取决于两个人，而使它失败一个人就已足够。世界上没有绝对幸福圆满的婚姻，幸福只是来自无限的容忍与互相尊重。"

其实，很多人在婚姻上的失败，并非不爱对方，而是从一开始就没弄明白：婚姻从来不是一个人的世界，为爱情而携手走入婚姻的两个人，没有谁不爱谁，只有谁不适应谁。任何人都不是完美的，包括自己倾心相爱的人，总有不如意的地方。

婚姻需要两个人互相为另一个人去改变、去迁就。一个女人从不适应一个男人的鼾声，到习惯了他的鼾声，这就是婚姻。一个男人习惯了一个女人的任性、撒娇、甚至无理取闹，这就是婚姻。婚姻的天长地久就蕴藏在这些看似不可理喻的细节之中。

很多时候就是这样，当我们退了一小步，往往让我们前进一大步。一个半点都不肯让的人，最终只能一无所获、无路可走。

## 陪伴，是最长情的告白

有一种承诺可以抵达永远，这就是用爱和生命来兑现的承诺，能穿越千年时光而不朽，因此张小娴说："诺言是我答应过你的事，即使时间、环境所有客观因素改变，我依然会付诸实践。"不管命运如何，始终相依相守，不离不弃，这就是爱情。

1990年，风华正茂的麦肯金牧师正处于事业的巅峰时期，但他却毅然决然地将一切功名、成就、收入都放弃而回归家庭。当时他担任美国哥伦比亚大学校长长达22年之久，有接不完的演讲邀约，无数的赞誉，为什么会选择这个时候放弃这功成名就的一切呢？原来他挚爱的妻子茉莉不幸罹患阿尔茨海默病导致生活无法自理。于是麦肯金牧师决定用余下的岁月好好照料生病的妻子。

有人不解地问："请看护不行吗？送疗养院不行吗？为什么非得让你这个可以帮助无数人的牧师放下一切工作，为的只是照顾一个花钱就可以找人帮忙照顾的生病妻子？"

"不行！"麦肯金牧师恬静又坚决地说，"因为我曾经在上帝的面前承诺：不论富裕或贫穷、健康或疾病、顺境或逆境，我都要爱她、照顾她、呵护她，直到永远！你们可以由别的牧师来带领，但是茉莉——我的妻子，她只有我这个丈夫可以陪她走人生最后一段路。"

"不论富裕或贫穷、健康或疾病、顺境或逆境，我都要爱她、照顾她、呵护她，直到永远！"这句朴实的承诺是西方相爱的人走进婚姻殿堂时对真爱的宣言，可是就这样一句看似简单实际需要你用一生的时间来践行的承诺有多少人能真正做到？麦肯金牧师就是这样用自己的行动捍卫了自己对爱的承诺，写下了感人至深的《守住一生的承诺》，引起了无数人的共鸣。

是的，也许年少的我们都有着一颗梦想到处游走的心，无数次想背起包离开家，去到外面的世界看一看。也许我们会爬上过很高的山，穿越过无际的森林，看见过令人屏息的悬崖峡谷。也许我们会拥有无尽的财富，流传千古的美名，无限精彩的生活。可是当我们遇见爱情，遇见那个与你有着深刻牵绊的人出现在生活里，也许你也会像麦肯金牧师一样，心甘情愿地慢慢飘落下来，在那个人身边落地生根，与那个人一起长成两棵并肩的树。然后哪儿也不去了，就这么一起相守相爱，看着云朵和星辰在两人头顶的那小片天空日日变幻，无论贫富，不在乎健康或疾病，永远守护他（她）。

因为真正的爱情能共同承受生活中的痛苦与磨难、幸福与快乐，一生一世。

海誓山盟的爱令人铭心刻骨，平平淡淡的爱也地久天长。当时光风化了一切时，只有爱陪我们到地老天荒，只有爱我们的那个他（她）和我们一起慢慢变老。

爱就是一种承诺，一种付出，一种责任。一辈子的承诺就代表你们要相爱一辈子。

## 爱就疯狂，不爱就坚强

亲情、友情和爱情是每一个人一生都要面对的三大课题，经历了亲情、友情和爱情之后的人生才算完整。除亲情之外，人们尤其是年轻人，总是对爱情和友情之间的界限难以把握。青春期又是一个身体和心理双重发展的时期，如果对于友情和爱情处理不好，会影响到今后的生活，甚至是一生的幸福。

一个充满稚气的大男孩理查与一个同样充满稚气的大女孩安妮玩得很好，两人感情很融洽。"你们在相爱！"旁人评论说。

"是吗？我们在相爱吗？"他们问别人，也问自己。是的，弄不清自己是在与对方相爱，还是在与对方享受朋友间的友谊。于是，他们去问智者。

"告诉我们友谊与爱情的区别吧！"他们恳求道。

智者含笑看着两个年轻人，说道：

"你们给我出了一个最难解的难题。爱情和友谊像一对性格迥异的孪生姊妹，她们既相同，又不同。有时，她们很容易区分，有时却无法辨别……"

"请举例说明吧！"大男孩和大女孩说。

"她们都是人间最美好、最温馨的情感。当她们给人们带来美、带来善、带来快乐时，她们无法区别；当她们遇到麻烦和波折时，反映就大不相同了。"

"比如……"男孩和女孩问。

"比如，爱情说：你是属于我一个人的；友谊却说：除了我还可以有她和他。

"友谊来了，你会说：请坐请坐；爱情来了，你会拥抱着她，什么也不说。

"爱情的利刃伤了你时，你的心在流血，你的眼却渴望着她；友谊的锋芒刺痛了你时，你会转身而去，拔去芒刺，不再理她。

"友谊远行时，你会笑着说：祝你一路平安！爱情远行时，你会哭着说：请你不要忘了我。

"爱情对你说：我有时是奔涌的波涛，有时是一江春水，有时又像凝结的冰；友谊对你说：我永远是艳阳照耀下的一江春水。

"当你与爱情被迫杀至绝路时，你会说：让我们一起拥抱死亡吧；当你与友谊被追杀得走投无路时，你会说：让我们各自找条生路吧。

"当爱情遗弃了你时，你可能大醉三天、大哭三天，又大笑三天；当友谊离你而去时，你可能叹一天气、喝一天茶，又花一天的时间寻找新的友谊。

"当爱情死亡时，你会跪在她的遗体边说，我其实已经同你一起死了；当友谊死亡时，你会默默地为她献上一个花圈，把她的名字刻在你的心碑上，悄然而去……"

大男孩和大女孩相视而笑，他们互相问道：

"当我远行时，你是笑呢还是哭？"

读者朋友们，看了这段小故事，你真正明白了什么叫爱情、什么叫友情了吗？或许，懂得爱情并不是一件难事：当爱情悄然而至的时候，你自然就会明白你在爱了。或许，真正懂得爱情，也不是一件容易的事：有好多人一生都没有明白什么叫爱；只是在爱情默然离开的时候，捶胸顿足，扼腕叹息。对于友谊和爱情，每个人都有自己的区分尺度。但是，不管怎样，有一点是可以肯定的，爱情总是较友谊更为炽烈、更为专一、更为投入。当你发现自己真正爱上一个人，你的心里便不再容纳其他，而当他的爱逝去，你会觉得失去的是整个世界。

人总会依次经历亲情、友情和爱情，从而逐渐走向成熟和完整。而爱情正是从友情到亲情的过渡阶段。因为爱情，本来不相干的人，成为一路牵手的人生伴侣，有了血缘的交融、爱情的结晶，成为亲人。正因为如此，爱情才伟大，才需要我们每个人用心去经营，认真地对待。

爱是生命的源泉。人生当中有快乐，亦有苦恼，一个人承担这些喜怒哀乐会感到无聊或沉重。爱人是最亲密的伴侣，他可以陪你笑，也可以陪你哭，快乐同分享，苦难共分担。因为有了爱情，人生才被装点得更加丰富多彩。

与其空谈誓言，不如珍视流年。

我们身边，可能有些人谈恋爱时甜甜蜜蜜，而婚后却因为生活上的摩擦滋生许多矛盾，曾经山盟海誓的爱情被婚姻磨去了最后的光泽，两个人终于向生活妥协，以分手告终。

你或沉醉于对婚姻的憧憬，或正经历着婚姻的苦痛，但不管怎么样，琐事是生活的折射，平淡是生活的倒影，这是生活的真谛。婚姻对很多不善经营的人来说确实是爱情的坟墓，但是只要我们能够明白，缺陷是婚姻的组成部分，并坦然地对待婚姻中的不圆满，用心过好你和另一半的每一天，你和爱人的感情就会在这种可贵的经营下日久弥深。

有个女孩子从小就喜欢吃西红柿炒蛋。这个菜做起来很简单：切一个西红柿，打两个鸡蛋，再放一勺糖。有时候，女孩痴痴地想：将来陪我吃西红柿炒蛋的人会是谁呢？

她希望他不是军人，也不是医生。他应该是一个高高瘦瘦的青年，有一头浓密的黑发和一双深深的、足以让人陷进去的眼睛。

后来的日子里，女孩遇到了好几个符合理想条件的人，但相处短暂的时间之后，结局总是不得不分离。

一年又一年，女孩渐渐有些着急和失望了。

又一个春天，在郊游的时候，她意外地认识了一个男子——他是一名军医，人高高瘦瘦的，头发稀少，还戴着一副眼镜。

相识一周之后，他陪着女孩去补那颗坏了很久的门牙。走在路上，他紧紧握住她的手，靠近她耳边轻轻说："等补好后，我就可以吻你了。"

每当他值班时，在黄昏时刻，女孩必然要穿上心爱的长裙，怀里抱一个保温饭盒，穿过长长的充满消毒液气味的走廊，到外科诊室给他送饭。那天，打开饭盒，看见西红柿炒蛋，他惊喜地叫了起来，吃了几口，却忍不住问她："怎么是甜的？难道你做西红柿炒蛋不放盐吗？"

偶尔，他也笑着对女孩说："你和我想象中的女朋友完全不一样嘛，只有文凭还对。可是你经常写错单词，念大学时肯定整天打瞌睡、啃指甲……"

女孩温柔地摸摸男友微秃的头，忍不住也笑了……

女孩终于嫁给了军医。日子很平静，也很幸福。他们经常做两个人都爱吃的西红柿炒蛋，只不过他做的时候加糖，她做的时候一定放盐。

世界并不完美，人生中应当有些不足的地方。对于每个人来讲，不完美的生活是客观存在的，无须怨天尤人。不要再继续偏执了，给自己的心留一条退路，给生活一种平淡的眼神。看看身边的朋友，他们都没活在十全十美的生活中，却都是在柴米油盐中淡淡地幸福着。

想象中的爱情是一种理想，生活中的婚姻是一种现实，如果你用理想的眼光来衡量现实，那么必然要在现实中碰壁。同样，如果你像要求爱情一样来要求你的婚姻，等待你的必然是失败。爱情是一种燃烧的激情，而婚姻是一种平静的心绪，它离不开爱情，但它又不完全是爱情，它是爱情和理智的综合产物。

大多数人的生活都是平平淡淡的，很少人的一生能够轰轰烈烈。爱情也是如此，即使再绚烂多姿、可歌可泣的爱情故事也会归于平淡的婚姻，既然如此，我们不如放下对婚姻的苛求，放下对伴侣的过高要求，在平淡中弹奏美妙的婚姻协奏曲。

苏小懒说过，爱是平淡的流年。年轻时，爱是热烈的，是非凡的，是炽热的，是浪潮涌动的海边。后来，当我们都不再年轻了之后。爱终于回归于平淡。真正的爱，是柴米油盐酱醋茶。

## 以自在的爱接纳所爱

马斯洛认为，在爱情中，人们应该做的事情就是顺其自然。而且情感健康的人更容易达到忘我的境界。忘记自我可以使我们的大脑更加有效地进行思考、学习以及从事其他活动。

他说，没有选择性的认知，意味着按其本来面目接受一种体验或者一个人，而不是试图对其进行控制或加以改变。支配、干涉、"要求"甚至改变对方的方式是违背了交往的原则的，并不利于彼此之间的进一步交流亲昵。

马斯洛说，世界广大，视若空荡，时光流逝，置若罔闻。正如人在音乐中完全忘记了自我，这种忘我之爱才真的让人弥足珍惜。

对于爱情，很多人一直执着于自己内心的一个标准：爱情是一种浪漫的体验。这种体验使任何事物在恋爱者的眼中，都是一种美好。爱情中不能没有浪漫，没有浪漫，也就没有了爱情，然而，爱情的浪漫毕竟只是一种主观的、很缥缈的东西，总是依赖于一种现存的事情上，没有现实做基础的爱情是不牢固的，总有一天泡沫破了，梦也就醒了。

爱，是柔和的、温暖的，而如果我们在爱中抱有某些目的，例如，力图使对方有所改变，或是与别处或者以前认识的其他人相比较，我们就难以完全融入爱的体验中，且会损伤我们的爱的体验。那样，爱，也就显得并不美好和令人幸福了。

浪漫女和现实男是一对恋人，他们俩如胶似漆地相爱着，真可以说是一日不见，如隔三秋。

一次，为了考察现实男对自己的忠诚程度，浪漫女问："你到底爱不爱我？""十二分地爱你！"现实男回答。"那假设我去世了，你会不会跟我一起走？"

"我想不会。"

"如果我这就去世了，你会怎样？"

"我会好好活着！"

浪漫女心灰意冷，深感现实男靠不住，一气之下和现实男分开了，去远方寻觅真爱。

浪漫女首先遇到了甜言，接着又碰见蜜语，都在相处一年半载后，均感不合心意。过烦了流浪的日子，浪漫女通过比较，觉得现实男还是多少出色一些，就又来现实男面前。此时，现实男已重病在床，奄奄一息。浪漫女痛心地问："你要是去世了，我该怎么办呢？"现实男用最后一口气吐出一句话："你要好好活着！"

浪漫女猛然醒悟。

人们总是发现，走了一圈，又回到了原点，不免懊悔浪费了大好人生。所以，要设身处地地感受，顺其自然地爱，而不是因爱毁了自己的世界。

真正的浪漫不是浅薄的、程式化的甜言蜜语，也不是死去活来的心灵激荡；它更应该是一种现实的温馨与美好，是一种全心全意为对方着想的相互关爱——这才是爱情的真谛！真正的爱情只有蜕变成亲情才能永存，浪漫只能是一时的风花雪月，再美丽的爱情到最后也要踏踏实实过日子。生命苦短，几十载光阴，如梦般飘逝无痕，如果能和自己心爱的人，在余晖下相依携手看天边的浮云，看飘零的枫叶，这何尝不是人世间最大的幸福呢？就像那对背着爱人上天桥的恋人一样，真正的浪漫并非全是烛光晚餐加玫瑰香槟。浪漫有时只是一种质朴至纯的表达，并不需要过多的物质条件。浪漫不是华丽语言的伪饰，它需要我们用行动来表达。浪漫，从来都是一种相濡以沫的支持，或是风雨中一起面对的豪情。浪漫，本色至纯！

莉莎和男朋友分手了，处在低落的情绪中，从他告诉她应该停止见面的一刻起，莉莎就觉得自己的整个生活被毁了。她吃不下睡不着，工作时注意力集中不起来，人一下消瘦了许多，有些人甚至认不出莉莎来。一个月过后，莉莎还是不能接受和男朋友分手这一事实。

一天，莉莎坐在教堂前院子的椅子上，漫无边际地胡思乱想着。不知什么时候，身边来了一位老先生，他从衣袋里拿出一个小纸口袋开始喂鸽子。成群的鸽子围着他，啄食着他撒在地面上的面包屑。他转身向莉莎打招呼，并问她喜不喜欢鸽子。莉莎耸了耸肩说："不是特别喜欢。"

他微笑着告诉莉莎："当我是个小男孩的时候，我们村里有一个饲养鸽子的男人。那个男人为自己拥有鸽子而感到骄傲。但我实在不懂，如果他真爱鸽子，为什么把它们关进笼子里，使它们不能展翅飞翔呢？所以我问了他。他说：'如果不把鸽子关进笼子，它们可能会飞走，离开我。'但是我还是想不通，你怎么可能一边爱鸽子，一边却把它们关在笼子里，阻止它们要飞的愿望呢？"

莉莎有一种强烈的感觉，老先生在试图通过讲故事，给她讲一个道理。虽然他并不知道莉莎当时的状态，但他讲的故事和莉莎的情况太接近了。莉莎曾经强迫男朋友回到自己身边，她总认为只要他回到自己身边，一切都会好起来的。但那也许不是爱，只是害怕寂寞罢了。

老先生转过身去继续喂鸽子。莉莎默默地想了一会儿，然后伤心地对他说："有时候要放弃自己心爱的人是很难的。"他点了点头，但是，他说："如果你不能给你所爱的人自由，你并不是真正地爱他。"

我们给了对方多少自由，又给了对方多少爱呢？我们常常渴望爱情，但拥有爱情却往往不去珍惜，或是苛刻占有，长此以往，脆弱的爱情往往不堪考验而劳燕分飞。那时，彼此要怎么办？很多人会选择懊悔，甚至乞求对方不要离开或是怨恨对方。

其实，我们寻求爱，努力爱为的是什么呢？不过是爱的美好与幸福罢了。如果爱已经变成了约束的牢笼，那么这种爱还是真正的爱吗？以自在的爱去爱，彼此才能真正享受美好。

## 生活没有了友情，将一片冷清

每个人都有很多朋友，也一定有属于他自己的友情。但是，通常只有当你遇到困难时，你才能知道什么是真正的友情。患难见真情，只有真正的朋友才会在你身处困境时帮助你。

小姑娘弗恩家的母猪又下了一窝猪崽。其中一只很弱。弗恩的爸爸拿斧子要杀死这头小猪。弗恩拼命把小猪救了下来，给它取名"威尔伯"。威尔伯住进了谷仓里，和牛马羊鹅做了邻居。它感到孤单，非常伤心。

弗恩每天给小威尔伯喂牛奶并跟它一起玩。后来小威尔伯渐渐长大了，结识了不少新伙伴，有小鹅、小羊、小鸭。有一天晚上，突然有谁用细弱的声音喊他："威尔伯，你愿意和我做朋友吗？"就这样，威尔伯认识了和它说话的朋友——灰蜘蛛夏洛特，夏洛特正在谷仓的门框角上织网呢。

日子静静地过去，夏洛特成了威尔伯的好朋友。它既聪明又能干，任何苍蝇蚊子都逃不过它织的网。威尔伯长得越来越胖了。一天，老羊带来了坏消息：主人要在圣诞节前把威尔伯杀掉，做成美味的腌肉和火腿。威尔伯吓坏了，恐惧地尖叫着，大哭起来："我不想死！"夏洛特安慰它："你不会死的。我来想办法救你！"于是夏洛特开始在房上织起一张大网。

清晨，主人惊奇地发现门框的蜘蛛网上，竟然织着这样三个字——王牌猪。

夏洛特用自己的丝在猪栏上织出了被人类视为奇迹的网上文字，彻底逆转了威尔伯的命运。牧师说是神在暗示，这是一头出类拔萃、非同寻常的猪。消息很快传开了，全国各地的人们从四面八方赶来观看这个奇迹，以为威尔伯是了不起的动物，这一举动最终让威尔伯在集市的大赛中赢得特别奖和一个安享天命的未来。但这时，夏洛特的生命却走到了尽头……

在它们时间并不长的友情岁月里，最引人深思的是这样一幕：

"你为什么替我做这些事呢？"威尔伯问，"我真不配，我从来没为你做过什么事。"

"你是我的朋友。"夏洛特回答，"生命本身就是件了不起的东西。我替你织网，因为我喜欢你。生命本身究竟算什么呢？我们生下来，活一阵子，然后去世。一个蜘蛛一生织网捕食，生活未免有点不雅。通过帮助你，也许使我的生活更高尚些。天知道，任何人的生活都能增加一点意义。"

　　"哦，"威尔伯说，"我不会演说，我没有你的说话天才，可是你救了我，夏洛特，我也情愿为你牺牲生命——真的情愿。"

　　"我相信你，也感谢你的慷慨情谊。"

　　就像这个故事中所写的一样，真正的友情是互相帮助，互相关心。所谓真心付出，换来的是一种欣喜的收获，一份付出，换来一份真诚的回报。它没有华丽的言语，也不会厚重到让你无法喘息，就像是久未放晴的冬日里的一缕暖阳，给你带来丝丝温暖。

　　如果生活没有了友情，将是一片冷清，没有色彩，也没有欢笑，只有友情的存在，才有说不完的话，笑不完的事。让我们共同诉说友情的真谛，呵护真正的友情，让生活变得更加美好。

# 第七章
## 断舍离，活得简单一点才高级

## 给生活做减法，别累坏了你的心

　　浮世中许多人为追求舒适的物质享受、社会地位、显赫的名声等，把自己变得庸碌而烦乱，其中的内涵说穿了，也就是物质享受和对"上等人"社会地位的尊崇。用心于此，人就会像被鞭子抽打的陀螺，忙碌起来——或拼命打工，或投机钻营，应酬、奔波、操心……人们就会发现自己很难再有轻松地躺在家中床上读书的时间，也很难再有与三五朋友坐在一起"侃大山"的闲暇，甚至会忙得忽略了自己孩子的生日，忙得没有时间陪父母叙叙家常……这些让我们失去了简单的快乐，在复杂的社会中失去了自我。

　　一位得知自己不久于人世的老先生，在日记簿上记下了这段文字：

　　"如果我可以从头再活一次，我要尝试更多的错误，我不会再事事追求完美。我情愿多休息，随遇而安，处世糊涂一点，不对将要发生的事处心积虑地计算。可以的话，我会去多旅行，跋山涉水，更危险的地方也不妨去一去。过去的日子，我实在活得太小心，每一分每一秒都不容有失，太过清醒明白，太过清醒合理。如果一切可以重新开始，我会什么也不准备就上街，甚至连纸巾也不带一块。如果可以重来，我会赤足走在户外，甚至整夜不眠。还有，我会去游乐园多玩几圈木马，多看几次日出，和公园里的小朋友玩耍……只要人生可以从头开始，但我知道，不可能了。"

　　这位老先生是个地地道道、彻头彻尾的商人，活在尔虞我诈的商场，他曾经倾尽全力、亲力亲为，弄得自己心力交瘁。为此，他总是能找到借口自我安慰："商场如战场，我身不由己呀！"直到临终老先生才彻底觉悟，生活不需要很多钱，简单生活，让自己快乐才是最珍贵的。

　　"简单生活"并不是要我们放弃追求，放弃劳作，而是说要抓住生活、工作中的本质及重心，以四两拨千斤的方式，去掉世俗浮华的琐务。卡尔逊说："简单生活不是自甘贫贱。你可以开一部昂贵的车子，但仍然可以使生活简化。一个基本的概念在于你想要改进你的生活品质。关键是诚实地面对自己，想想生命中对自己真正重要的是什么。"

泰勒是纽约郊区的一位神父。

那天，教区医院里一位病人生命垂危，他被请过去主持临终前的忏悔。

他到医院后听到了这样一段话："我喜欢唱歌，音乐是我的生命，我的愿望是唱遍美国。作为一名黑人，我实现了这个愿望，我没有什么要忏悔的。现在我只想说，感谢您，您让我愉快地度过了一生，并让我用歌声养活了我的6个孩子。现在我的生命就要结束了，但死而无憾。仁慈的神父，现在我只想请您转告我的孩子，让他们做自己喜欢做的事吧，他们的父亲会为他们骄傲。"

一个流浪歌手，临终时能说出这样的话，让泰勒神父感到非常吃惊，因为这名黑人歌手的所有家当，就是一把吉他。他的工作是每到一处，把头上的帽子放在地上，开始唱歌。40年来，他用苍凉的西部歌曲，感染他的听众，换取那份他应得的报酬。他虽然不是一个腰缠万贯的富豪，可他从不缺少快乐。他过着简单的生活，有着一颗容易满足的心。

泰勒神父在之后的一次演讲中讲到了这件事，他总结道：

"原来最有意义的活法很简单，就是做自己喜欢做的事，并从中发掘到一颗容易满足的心灵。"

简单生活是简单主义者的生活选择，无论是田园隐居，还是返璞归真，抑或自愿选择清贫如洗。值得提醒的是："自愿"简单只是途径而不是目的。首先是外部生活环境的简单化。当我们不需要为外在的生活花费更多的时间和精力的时候，也就为内在的生活提供了更大的空间与平静。之后是内在生活的调整和简单化，这时的我们可以更加深层地认识自我的本质。

我们现在所追求的简单，指的是有快乐意义的生活，真诚、和谐、悠闲且幸福。一个清洁工和一个公司总裁同样可以选择过简单生活；一个隐居者和一个百万富翁同样可以简化生活，充分享受人生的乐趣；一个8岁的孩子和一位耄耋老人如果认同简单的做法，他们也同样可以更充分地吸取生活的营养，然后快乐终生。

学会给自己减负，摒弃复杂，过简单的生活，也能诠释幸福。

# 独处，是一门生活的艺术

哲学家尼采说：孤独是美的，因为它纯净。雕塑家罗丹的说法有一点点不同，他说：艺术是孤独的产物，因为孤独比快乐更丰富人的情感。而我，更喜欢鲁迅说的那句话：当我沉默着的时候，我觉得很充实；我开口说话，就感到了空虚。

三位大师的睿语，源自他们对生命的理解，可谓精辟之言。而我暗自思忖的是：孤独，这种人类最常有、最本质的情感，是否真的有益于完善人的内心？是否真正为智慧者所拥有？

我只知道孤独的深处往往迭现着世事的美好：高山的峰巅是孤独的，大海的深处是孤独的，高远的蓝天是孤独的，草原上唱歌的牧羊人是孤独的，排着"人"形的雁阵迁徙时的翔姿是孤独的……但，那恰恰牵引着我们美好的向往。

屈原在孤独中悲悯浮生，所以他的诗歌有大的胸怀和高远的境界；贝多芬在孤独中吞咽不幸，所以他的音乐有穿透人心的力量；拿破仑在孤独中笑傲命运，所以他的生命之旗一直在猎猎作响！孤独是一种经过内心演绎、裂变、积淀后的情愫，把生命栏杆拍遍了的人，才会拥有这份深刻的情感。智者的孤独与少年强作悲愁的孤独远远不同，因为理智的孤独者已不会自囚在孤独里。孤独是智者向红尘俗世亮出的一张免战牌，又是遁入真我世界的一张通行证。因此，拥有孤独的人最能触摸到自己的内心。

如果不是欺人与瞒世，我们说快乐并不是人类最永恒和终极的情感。因为生活的琐碎和世事的无常都在压迫着快乐的空间，也让快乐的体验变得肤浅和脆弱。为了证明我们的快乐，我们不得不戴上心理的面具去圆滑。我们忘记了一次雨打风吹的侵蚀，就足以摧垮了自诩为快乐的那个人。而孤独者却不相同，他们从苦难里提炼人生，把奢望轻轻放下，把最坏的视为平常，把求人转为自助，这时的孤独者也是命运的自塑者。只要生命中注入一点点的收获，孤独者便得到了人生的真收获，体验了人生的真欢喜。这时，我们发现孤独延伸了快乐的外延。只是，孤独者已习惯将快乐轻轻羽化，他们的脸上不曾有常人的欢颜。我们听到孤独的智慧者在说：真的快乐不是披在自己身上供人观赏的华服，而是自己给自己的内心挂上的一串珍珠。

世人成大器者，必经历人生跌宕沉浮，而跌宕沉浮的深处，必以孤独为基调。犹如为严冬命名的，不是那显眼的一大片一大片的雪花，却是挂在屋檐上的一串串沉默的冰凌。

日本作家川端康成说："我独自一个人时，我是快乐的，因为我可以孤独着；与人相处时，我发现我是孤独的，只因为我已经变得快乐。"可见我们常常因为刻意让别人快乐，而扭曲了我们自己需要的孤独。

"给我快乐，毋宁给我孤独。"我们最终听见孤独的海明威如是说。其时，海明威的胸怀像他笔下《老人与海》里的那片大海一样宽广。

孤独是智者最终投靠的情感归宿。因为孤独的人生并不代表人生的孤独——而恰是孤独把生存者的快乐放大，而且为孤独者一人独享——好一个孤独的智慧者。

波澜万丈的生活激荡人心，令人心驰神往，但在人生的河流中，更多的则是平静，你总要学会一个人慢慢地享受人生，总会有那么一个时刻，你是孤独无助的。但不要害怕，因为这本身就是人生给你的最高馈赠，正如罗曼·罗兰所说："世上只有一个真理，便是忠实人生，并且爱它。"那么，当孤独来临时，去体味它、享受它，在欣赏完夏花的绚烂之后，不妨静下心来，品读秋叶的静美。

有位孤独者倚靠着一棵树晒太阳，他衣衫褴褛、神情萎靡，不时有气无力地打着哈欠。一位智者由此经过，好奇地问道："年轻人，如此好的阳光，如此难得的季节，你不去做你该做的事，而在这里懒懒散散地晒太阳，岂不辜负了大好时光？"

"唉！"孤独者叹了一口气说，"在这个世界上，除躯壳外，我一无所有。我又何必去费心费力地做什么事呢？每天晒晒我的躯壳，就是我做的所有事了。"

"你没有你的所爱？"

"没有。与其爱过之后便是恨，不如干脆不去爱。"

"没有朋友？"

"没有。与其得到还会失去，不如干脆没有朋友。"

"你不想去赚钱？"

"不想。千金得来还复去，何必劳心费神动躯体？"

"噢！"智者若有所思，"看来我得赶快帮你找根绳子。"

"找绳子？干吗？"孤独者好奇地问。

"帮你自缢！"

"自缢，你叫我死？"孤独者惊诧了。

"对。人有生就有死，与其生了还会死去，不如干脆就不出生。你的存在，本身就是多余的，自缢而死，不是正合你的逻辑吗？"孤独者无言以对。

在我们的生活里，很多人在面对孤独的时候，总是什么也不做，他们就像故事中的孤独者一样，给自己找出很多的借口和理由来麻醉自己。殊不知，生活中实在有太多的事情需要我们去处理，如果只是在孤独中束手无策，消极地空耗时间，那么这样的人生真的不如早早了结算了。

孤独是朵静静开放的莲花，人只有静默独处才容易发现和感受具有终极价值的事物，因此与其一味哀叹，不如勇敢面对寂寞，体会淡泊，克服寂寞带来的心灵困扰。

孤独的人努力奋斗，不断地去探索，对真理永无止境地追求。这是一种永恒的孤独，无奈之余，孤独者诠释了生命的意义。孤独者的路是自己走的，他不随波逐流，在孤独中自得其乐。享受孤独的人，欣赏自己，享受自己的所作所为。孤独中，他获得了自己给自己的最大的回报。孤独者拥有一颗淡然的心，在自己的世界里创造属于自己的成就。他能漠视周围人的诧异的眼光，走自己的路。

## 咸也好，淡也好，不辜负便好

弘一法师出家前的头一天晚上，与自己的学生话别。学生们对老师能割舍一切遁入空门既敬仰又觉得难以理解，一位学生问："老师何为而出家？"

法师淡淡答道："无所为。"

学生进而问道："忍抛骨肉乎？"

法师给出了这样的回答："人世无常，如暴病而死，欲不抛又安可得？"

世上人，无论学佛的还是不学佛的，都深知"放下"的重要性。可是真能做到的，能有几人？如弘一法师这般放下令人艳羡的社会地位与大好前途、离别妻子骨肉的，可谓少之又少。

"放下"二字，诸多禅味。我们生活在世界上，被诸多事情拖累，事业、爱情、金钱、子女、学业……这些东西看起来都那么重要，一个也不可放下。要知道，什么都想得到的人，最终可能会为物所累，导致一无所有。只有懂得放弃的人，才能达到人生至高的境界。

孟子说："鱼，我所欲也；熊掌，亦我所欲也，二者不可得兼，舍鱼而取熊掌者也。"当我们面临选择时，不得不学会放弃。弘一法师为了更高的人生追求，毅然决然地放下了一切。

一个青年背着一个大包裹千里迢迢跑来找无际大师，他说："大师，我是那样的孤独、痛苦和寂寞，长期的跋涉使我疲倦到极点。我的鞋子破了，荆棘割破双脚；手也受伤了，流血不止；嗓子因为长久的呼喊而喑哑……为什么我还不能找到心中的阳光？"

大师问："你的大包裹里装的是什么？"青年说："它对我可重要了。里面是我每一次跌倒时的痛苦，每一次受伤后的哭泣，每一次孤寂时的烦恼……靠着它，我才能走到您这儿来。"

于是，无际大师带青年来到河边，他们坐船过了河。上岸后，大师说："你扛着船赶路吧！""什么，扛着船赶路？"青年很惊讶，"它那么沉，我扛得动吗？""是的，孩子，你扛不动它。"大师微微一笑，"过河时，船是有用的。但过了河，我们就要放下船赶路。否则，它会变成我们的包袱。痛苦、孤独、寂寞、灾难、眼泪，这些对人生都是有用的，它能使生命得到升华，但须臾不忘，就成了人生的包袱。放下它吧！孩子，生命不能太负重。"

青年放下包袱，继续赶路，他发觉自己的步子轻松而愉悦，比以前快得多。原来，生命是可以不必如此沉重的。

痛苦、孤独、寂寞、灾难、眼泪，它们能在一定条件下使生命得到升华。但是如果不把它们放下，就会成为人生的包袱。

我们总是让生命承载太多的负荷，这个舍不得丢掉，那个舍不得丢掉，最终被压弯腰的是我们自己。简化生活，需要我们放下太多的虚荣，放下太多的功利，放下金钱的压力，为我们自己的肩膀减减负。到最后，我们会发现生命原来可以不必太沉重，我们的生命之舟才能得以轻扬。

## 不是生活给我们太少，是我们想要的太多

清代中期，当朝宰相张廷玉与一位姓叶的侍郎都是安徽桐城人。两家人在桐城恰好毗邻而居。这天，两家都要起房造屋，为争地皮，发生了一些争执。张老

夫人便修书上北京，要张廷玉出面干预，解决此事。这位宰相看完家书，立即做了首诗来劝解老夫人："千里家书只为墙，再让三尺又何妨？万里长城今犹在，不见当年秦始皇。"

张老妇人见书明理，立即主动把墙退后三尺。叶家见此情景，深感惭愧，也马上把墙让后三尺。就这样，张叶两家的院墙之间，就形成了六尺宽的巷道，这就是日后有名的"六尺巷"。

张廷玉的这首诗简单直白，却深得"空"的真味。世人无法破除迷障，都是因为解不得一个"空"字。这世上有什么能长久？秦始皇统一了六国，吞土占地不可谓不多，最后依然化身为尘，一寸土地都带不走。

我们常听到的"色不异空"，意思就是当我们没有声色、利益的贪恋，也没有五欲、尘劳的贪恋，就出离了凡夫的境界。"色"是一切有形有相的有阻碍的实体，一切物质形态，空与之相对，是无形无相的虚空，放眼世界，我们所看到的天空、大地、河流、屋舍、人畜，等等所有一切的实体都是"色"。而"空"则是一种不落任何思想观念，不落任何思维架构，理论的、窠臼的状态。色与空是一种相互依存的关系，色存在于空里，空也存在于色里，所以佛家才会说色不异空，空不异色，因为色与空原本就是一体的。

但是，我们扪心自问，有多少人能够真正地放下尘世这种种"色"呢？其实不是生活给我们的太少，而是我们想要的太多，又总在抱怨得到的太少，内心藏着的名利欲望如此宏大，如果不将这些凡夫境界里的种种声色全部放下，进入那无形无相的虚空之中，那么只有大海才能容得下我们的宏大欲望。

一个樵夫上山去打柴，走到一半，他看见一个人在树下躺着乘凉，就忍不住问他："你为什么不去打柴呢？"

那人不解地问："为什么要去打柴？"

樵夫说："打了柴好卖钱呀。"

"那么卖了钱又有什么用呢？"

"有了钱你就可以享受生活了。"樵夫满怀憧憬地说。

这时，乘凉的人笑了："那么，你认为我现在在做什么呢？"

故事中那个乘凉的人没有把自己盲目地投入到紧张的工作当中，他只是在过属于自己的恬静的日子——躺在树下轻松自在地呼吸，并且对生命充满由衷的喜悦与感激。这种简单、恬静的生活方式才是令人向往的，因为这是一种发自于心灵的放松与悠闲。

当我们在生活中忙忙碌碌的时候，是否应该回头看一看现代人的生活？当我们被包围在混乱的杂事、杂务，尤其是杂念之中时，是不是应该停下来思考一下，我们为什么忙碌？又在为谁忙碌？当我们在尘世中摸爬滚打一番后，一颗颗跳动的心被挤压成了无气无力的皮球，在坚硬的现实中疲软地滚动着，我们是不是该安静下来，看看自身，是不是丢失了什么重要的东西。也许是因为在竞争的压力下我们丧失了内心的安全感，于是就产生了担心无事可做的恐惧，所以才会急着找事做来填满自己的内心、安慰自己、麻痹自己。久而久之，在这样的不知不觉中，我们已经陷入了一种恶性循环，离真正的快乐、幸福，甚至真正的生活越来越远。

我们真的太累了。在追逐生活的过程中，我们是不是可以尝试着放弃一些复杂的东西，让一切都恢复简单。其实生活本身并不复杂，复杂的只有我们的内心。所以，要想恢复简单的生活，必须从心开始。

人类对"幸福"的需求是永无止境的。就我们所知的，几乎所有人都在没完没了地追求来自外部世界的幸福——大房子、新汽车、时髦的服装、可靠的朋友、完美的爱情、蒸蒸日上的事业，尽管不是每个人都可以拥有上述的全部，还是可以在某些方面得到一些快乐和满足，并在这种满足中继续去追求别的满足。可是，你有没有想过，这些东西最终带给我们的只有患得患失的压力和令人疲惫不堪的混乱，为什么一定要去追求它们呢？生命不过是一袭华美的袍，穿着它仿佛就被套进了一个牢笼，美丽却并不舒适与惬意。有时候，我们完全可以放过自己，让自己从这些紧张盲目的奔波中解脱出来，正如明代的文学家侯方域在给友人的信中曾说道："人能自立，非有所建树，即有所捐舍。"

让我们脱下那个束缚自己的华丽外衣，试着过一种一无所有的日子。走到外面，我们会看到天空是蓝的，草地是绿的，阳光是那样好的，为何不坐下来好好享受薄且清澈的阳光，像前面故事中乘凉的人一样，享受淡泊清凉的人生呢？

# 有太多行李，就不要开始一段旅程

我们生活在这个世界上，总是被诸多事情拖累，事业、爱情、学业、金钱、子女、房产……这些东西都有着十分重要的意义，一个都不能放下，于是，我们就会让它们满满地塞进我们并不广阔的生命里。要知道，什么都想得到的人，最终可能会为物所累。只有懂得适时舍弃的人，才能达到生命至纯至美的境界。

一只倒霉的狐狸被猎人套住了一条小腿，在没法挣脱的情况下，它毫不迟疑地咬断了那条小腿，然后逃命。放弃一条腿而保全一条性命，这是狐狸的逃生哲学。现代人总感觉活得很累，身上背负的担子越来越重，原因就在于人们不懂得放弃那些生命中无用的东西。其实，不管外界如何纷纷扰扰，我们都应该让自己保有一份清静的天地，让心灵不必承受过多的所求和所欲。我们生活的这个世界没有什么是恒久远的，一切都是变化无常，又何必在自己的身上增添过多的累赘。当我们的身上背负了太多沉重的行囊，就无法安然惬意地享受生活。很多时候我们要倒空自己，不为太多的俗事俗物所束缚，也许才能找到内心的家。

有这么一位行吟诗人，他一生都住在旅馆里。他不断地从一个地方旅行到另一个地方。他的一生都是在路上、在各种交通工具和旅馆中度过的。当然这并不是因为他没有能力为自己买一座房子，这是他选择的生存方式。

后来，鉴于他为文化艺术所做的贡献，也鉴于他已年老体衰，政府决定免费为他提供住宅，但他还是拒绝了，理由是他不愿意为房子之类的事耗费精力。就这样，这位特立独行的行吟诗人，在旅馆和路途中度过了自己的一生。

诗人死后，朋友为他整理遗物时发现，他一生的物质财富不过是一个简单的背包，背包里装着供写作用的纸笔和简单的衣物。但是在精神财富方面，他却留下了十卷优美的诗歌和随笔作品。

在我们看来，这位诗人在物质上极其贫乏，但是他活得比很多人更有意义、创造了更多的价值。就是因为他的人生没有太多不必要的干扰，也没有太多欲望的压迫，是简单而又纯粹的一生。

当然，我们在这里说要倒空自己、把人生纯粹化，并不是要求每个人都必须像那位行吟诗人一样，居无定所，漂泊流离。而是让我们把对物质的追求放低一点，把世态人情看得简单一点，把做人做事想得直接一点。就是因为我们的复杂和隐讳，常常令人与人之间出现矛盾与不解，许多事情因此变得麻烦，许多争端因此不能得以拆解。

有一个到南美的丛林探险家，想要找寻古印加帝国文明的遗迹，于是他雇用了当地的土著人作为向导及挑夫，因为适应了丛林里的生活，所以土著人的脚力过人，尽管他们背负笨重的行李，仍是健步如飞。在整个队伍的行进过程中，总是探险家先喊着需要休息，让所有的土著人停下来等候他。

到了第四天，探险家一早起来，立即催促着打点行李，准备上路。他虽然体力跟不上，但希望能够早一点到达目的地，能够真正好好地来研究古印加帝国文明的奥秘。不料土著人却拒绝行动，探险家对他们的行为恼怒不已，觉得难以接受他们的做法。

经过详细的沟通，探险家终于了解，这群土著人自古以来便流传着一项神秘的习俗，在赶路时，皆会竭尽所能地拼命向前冲，但每走上三天，便需要休息一天。

探险家感到十分好奇，忍不住问道："为什么在你们的部族中，会留下这样的神秘习俗？"向导很郑重地回答了探险家的问题。探险家听了向导的解释，沉思了许久。他想着那些话，心中若有所悟，最后展颜微笑，道："我想，这是我这次旅行中最大的收获。"

向导对探险家说的是："我们之所以停下，是为了让我们的灵魂，能够追得上我们赶了三天路的疲惫身体。"

像土著人这样正确地掌握工作与休息之间的脉动，才是让人持续拥有无穷动力的宝贵智慧。当我们应该休息时，就要完全地放任自我，让疲惫的身心，获得完整的复原机会，好让我们的灵魂得以追得上充满干劲的脚步。

生命之舟需要轻载。当你觉得生活不堪重负时，不妨学会"卸载"，将自己的烦恼和包袱一笔勾销，让自己的心态"归零"。一个会主动倒空自己，让自己"归零"的人，做任何事情都能够心无旁骛，让每件事情都清楚明晰，让身边的每个人都没有负担。所以，每天给自己一点时间，让自己的心平静下来，让压力归零，享受一丝宁静。而这一刻的宁静，会让我们的思考更深入，对事情有更全面的看法，还能够帮助我们开拓更广阔的人生。

## 慢慢来，别怕来不及

身与心的和谐是一个人健康的基础，而情绪活动又是心理因素中对健康影响较大、作用较强的一部分。长期快节奏导致的疲劳看似细小轻微，但若不注意，轻则降低工作效率、生活质量，重则导致多种身心疾病。

陈先生是一家企业的营销主管，每年的销售任务都很重，同行业竞争又特别激烈。他说自己都快成"空中飞人"了，一个城市接一个城市地出差，没有节假日，有时候午饭都没时间坐下来吃，常常是边走边吃边思考。最近他经常感到胸闷不舒服，刚开始没有太在意，后来，情况更加严重，出现气短、心跳加快、出虚汗等现象，到医院检查才知道患了冠心病。

黎先生，从事宣传工作十几年，繁重的工作总是需要他在五分钟内审阅一份文件，半小时内写一篇稿子。有时候半夜一点了还在赶稿子，节假日也不能休息，因为还有好多事需要他去做，他觉得自己和卓别林演的电影《摩登时代》里流水线上的工人差不多。几年下来，工作业绩上去了，职位和薪水也提升了，但是血压也跟着高了，随之而来的还有糖尿病。

生活中，像陈先生、黎先生这样的人还有很多。由于工作节奏的不断加快，人们不得不时时刻刻想着自己的工作，累了、倦了、病了也要坚持，因为他们害怕一旦慢下来、停下来就会被别人超越，那么以前的努力就全白费了。在这种思想的控制下，人的精神处于越来越紧张的状态。受压抑的感情冲突未能得到宣泄时，就会在肉体上出现疲劳症状，甚至引起心理的扭曲变态，导致心理疲劳。在此种情况下，一旦发生弹性疲乏，势必造成精神上的崩溃。

长期从事快节奏的工作，人还会出现神经衰弱的各种症状，例如烦躁不安、精神倦怠、失眠多梦等神经症状，以及心悸、胸闷、筋骨酸痛、四肢乏力、腰酸腿痛和性功能障碍等其他症状，甚至可能引发高血压、冠心病、癌症等疾病。可以说快节奏工作的人永远在寻找"奶酪"，但永远无法享受"奶酪"。

其实，压力最大的是那些中级的管理阶层，在单位是中坚，在家里是支柱，既要投身于市场竞争，又要解决家庭琐事，他们没有雄厚的经济实力，也没有甘于平凡的平常心。他们不甘落后，白手起家，担负着家人的厚望，拿着不菲但总送到商家口袋的工资，忙于拼命，身不由己，精神压力之大可想而知。但他们没有及时排解，以致身心负担加重，免疫系统受损，抵抗力低下，最终导致各种疾病。

过快的工作节奏只会令我们的身体变得越来越糟，因此，我们要学会放慢节奏，缓解压力，将自己的身心调节到最佳的状态。

## 小事不计较，才能发现美好

我们总是很难发现自己拥有了多少的快乐，因为我们总是觉得生活中的快乐那么少，其实是我们计较得那么多。只要我们用心去体验，就会发现我们拥有大把的幸福和快乐，它们就隐藏在你普通的生活中。

如果你能够有一双发现的眼睛，减少对生活中各种事物的苛求，很容易就能够发现快乐。快乐不是你拥有了多少的财富，拥有了多少的房产，拥有了多少被人艳羡的珠宝，而是你能够在平常的事物中得到感触，这种感触是你生命的一部分，它们点亮了你的生活。

有位青年，厌倦了生活的平淡，感到一切只是无聊和痛苦。为寻求刺激，青年参加了挑战极限的活动。活动规则是：一个人待在山洞里，无光无火亦无粮，每天只供应5千克的水，时间为整整5个昼夜。

第一天，青年颇觉刺激。

第二天，饥饿、孤独、恐惧一齐袭来，四周漆黑一片，听不到任何声响。于是他有点向往起平日里的无忧无虑来。他想起了乡下的老母亲不远千里地赶来，只为送一坛韭菜花酱以及小孙子的一双虎头鞋。他想起了终日相伴的妻子在寒夜里为自己掖好被子。他想起了宝贝儿子为自己端的第一杯水。他甚至想起了与他发生争执的同事曾经给自己买过的一份工作餐……渐渐地，他后悔起平日里对生活的态度来：懒懒散散，敷衍了事，冷漠虚伪，无所作为。

到了第三天，他几乎要饿昏过去。可是一想到人世间的种种美好，便坚持了下来。第四天、第五天，他仍然在饥饿、孤独、极大的恐惧中反思过去，向往未来。

他责骂自己竟然忘记了母亲的生日，他遗憾妻子分娩之时未尽照料义务，他后悔听信流言与好友分道扬镳……他这才觉出需要他努力弥补的事情竟是那么多。可是，连他自己也不知道，他能不能挺过最后一关。此时，泪流满面的他发现：

洞门开了。阳光照射进来，白云就在眼前，淡淡的花香，悦耳的鸟鸣——他又迎来了一个美好的人间。

青年扶着石壁蹒跚着走出山洞，脸上浮现出了一丝难得的笑容。五天来，他一直用心在说一句话，那就是：活着，就是幸福。

幸福就是这么简单，人在困境中，才会发现自己的想法，才知道自己以前的苛求是那么多，才发现自己的人生是那么肤浅。以往人生那些利益的追逐，在困境中都比不过对于生命的追求，对于亲情的渴望。这些是多么简单的事情，却总是被人们所忽略，一味地追求，让人们蒙蔽了双眼。

其实，快乐一直简单地存在于你的生活中，只要你少去计较自己收入的高低，少去计较自己的容貌是不是美好，少去计较你的生活环境是不是安全，少去计较你的伙食的好坏。学着用一双发现美的眼睛去看待生活，你会发现，除了我们所看到的生活中的极不和谐的一小部分，大部分的生活都充满了快乐。那么，你又何必抓住那小小的一点不和谐而让自己变得不快乐呢？为什么不让自己开始学着少去计较，多发现美，让自己和生活成为很好的朋友而不是敌人呢？

人的一生太过短暂，既然实现理想的时间都很紧张，又怎么有时间浪费在斤斤计较上呢？放开心的人生，会发现更多的快乐，拥有更多的幸福。

## 烦恼都是自己寻来的

古希腊的佛里几亚国王葛第士，以非常奇妙的方法在战车的轭上打了一串结。他预言：谁能打开这串结，谁就可以征服亚洲。一直到公元前334年，仍然没有一个人能成功地将结打开。

这时亚历山大率领军队入侵小亚细亚，他来到葛第士绳结的车前，毫不犹豫地拔剑砍断了绳结。后来，他果然占领了比希腊大50倍的波斯帝国。

古有"画地为牢"，以示惩戒，然而今人每每画地为牢，囚禁的不是别人，而是自己。人们总是喜欢将自己的内心死死地囚禁，为金钱、为权势、为爱情，不断地用欲求的枷锁捆绑着自己，在不知不觉间，将自己快乐的权利尽数消磨。放下！放下才能快乐和自在，但这又谈何容易。名缰利锁时刻缠绕着我们的身心，使我们陷入世俗红尘的泥淖中不能自拔。

有一个年轻人在路上看到了一件有趣的事，正好经过一家寺院，便想考考老禅师。他说："什么是团团转？"

"皆因绳未断。"老禅师随口答道。

年轻人听了大吃一惊。

老禅师问道："什么事让你这样惊讶？"

"老师父，我惊讶的是，您是怎么知道的呢？"年轻人说，"我今天在来的路上，看到了一头牛被绳子穿了鼻子，拴在树上，这头牛想离开这棵树，到草场上去吃草，谁知它转来转去，就是脱不开身。我以为师父没看见，肯定答不出来，却没想到您一下就说中了。"

老禅师微笑道："你问的是事，我答的是理；你问的是牛被绳缚而不得脱，我答的是心被俗务纠缠而不得解脱。一理通百事啊。"

年轻人大悟。

仔细想想，我们的人生，不也常被某些无形的绳子牵住了吗？像老牛一样围着树干团团转，总解脱不了。"放下"这是非常不容易做到的，世上的人有了功名，就对功名放不下；有了金钱，就对金钱放不下；有了爱情，就对爱情放不下；有了事业，就对事业放不下，因而只能活在痛苦之中。

有时候，扰乱我们心神的，往往并不是现实中的东西，而是藏于心中的"罗刹"。名利、欲望、奢求就如同"罗刹"一般，始终诱引着人去想它。为了钱，为了权，为了欲，为了名，我们日日夜夜、东西南北团团转。明知道它是可怕的，却又忍不住去注意它。当你惹它注意时，你已经无法摆脱它了。

其实，人生中不如意事十之八九，得失随缘吧，不要过分强求什么，不要一味地去苛求些什么。世间万事转头空，名利到头一场梦，想通了，想透了，人也就透明了，心也就豁然了。

## 看轻得失，损失没你想得那么大

关于得失，星云大师曾说："世事无常，诸相皆空。如果我们有颗平常心，世间的一切，有也好，无也好，都看作镜花水月。有，固然可以生活无忧；无，也可以心灵自在，深入体会无垠、无边、无量。"

我国唐代大诗人杜甫也曾说:"文章天下事,得失存心知。"这句话的意思是说,文章是天下的大事,成败得失只有自己知道。对我们的人生来说,成败得失与烦恼快乐随时都会伴随着我们。不论人生得意的时候,还是人生失意的时候,我们都应当以乐观的心态来对待,这样我们才会在得意之时保持淡然的心态,在失意之时保持坦然的心态,只有一直以一颗平常心来对待生活,我们的人生才能活出境界。

　　有一个很古老的故事,说山里有一位以砍柴为生的樵夫,在他的辛苦经营下,终于盖了一间木屋。有一天他外出去砍柴,房子起火了,邻居们纷纷帮忙救火。但是由于当时火势较大,根本救不下,所以大家眼睁睁地看着木屋被烧毁。当一切烧尽后,樵夫回来了,看到这种情况后,他一一谢过大家的帮忙,然后自己拿着一根棍子,跑到灰烬中去翻找一番,邻居们以为他是在找什么金银珠宝,就都在旁边默默地看着他。当樵夫从灰烬中走出来时,邻居们看到他手里拿着的是一柄砍柴的刀,他笑着说:"只要有这柄柴刀,我还可以建造一间更好的木屋。"邻居们虽然觉得很可惜,但依然被他乐观的精神感动,在大家的帮助下,没有多久,樵夫便又建起一间小木屋。

　　樵夫的故事给了我们一个启迪,用我国的一句老话说就是"留得青山在,不怕没柴烧"。故事中的樵夫知道,自己的房子被烧了,这是客观现实,回避不了,那就必须面对;同时他也知道,悲伤是次要的,自己此时再伤心也不可能变出一间房子来,不如把握关键,柴刀才是重要的。生活中我们同样应该如此,在经历过一些失败和坎坷后,我们只有乐观,才能振作,才能重新开始,如果自己先趴下了,那么就不会有后来的希望。因为故事中的樵夫有乐观的心态和坚定的决心,所以他才会有快乐幸福的生活。

　　哲人说人生如车,其载重量有限,超负荷运行促使人生走向其反面。我们的生命也是如此,虽然人们的欲望无限,但我们只要学会辩证看待人生,看待得失,用减法减去人生过重的负担,学会放下,那样我们就会获得轻松和惬意。否则,过于看重得失,内心的负担太重,那么,人生就将不堪重负,苦不堪言。

　　有一个小和尚问老和尚:"都说僧人是皈依佛门,四大皆空,讲究一种虚静。那么我们来世上一遭,究竟为了什么呢?"

"为了了自己的心呀。"老和尚慈爱地开导小和尚说，"世界上属于我们的太多太多了，自由的身心，超脱的意念，以及蓝天、白云，还有美不胜收的山山水水。"

老和尚看那小和尚一脸困惑的样子，于是又详细地补充说："当一个人四大皆空时，这世间的一切都是他的了。见山是山，见水是水，我们梦游四海、思度五岳，那么人生还有什么不可企及的呢？"

小和尚听完后似懂非懂地说："那尘世间的人们不也拥有这些东西吗？"

老和尚说："不是那样的，尘世间有钱的人，心中只会想拥有更多的钱；有宅第的人，心中只会想有更多的宅第；有权势的人，心中只会想拥有更多的权势……他们在拥有某项事物的同时，自己也就失去了这项事物之外的所有事物。"

小和尚听完后看着眼前的山水云月，思考了一会儿后，脸上展现出舒心的笑容。

的确，是得是失，关键是看人们如何把握自己的内心，把握自己的人生。如果能够看淡得失，不要过于挂心，那么，我们就会发现，人生会更有意义，我们的品格也会更有厚度，快乐也会更加丰满。

## 原谅，是为了更好地生活

我们在茫茫人世间，难免会与别人产生误会、摩擦。如果不注意，在我们轻动仇恨之时，仇恨袋便会悄悄成长，最终会导致堵塞了通往成功之路。所以我们一定要记着在自己的仇恨袋里装满宽容，那样我们就会少一分烦恼，多一分机遇。宽容别人也就是宽容自己。

学会宽容，对于化解矛盾、赢得友谊，保持家庭和睦、婚姻美满，乃至事业的成功都是必要的。因此，在日常生活中，无论对子女、对配偶、对同事、对顾客等都要有一颗宽容的爱心。

哲人说，宽容和忍让的痛苦能换来甜蜜的结果，这话千真万确。古时候有个叫陈嚣的人，与一个叫纪伯的人做邻居。有一天夜里，纪伯偷偷地把陈嚣家的篱笆拔起来，往后挪了挪。这事被陈嚣发现后，心想，你不就是想扩大点地盘吗，我满足你。他等纪伯走后，又把篱笆往后挪了一丈。天亮后，纪伯发现自家的地又宽出了许多，知道是陈嚣在让他，他心中很惭愧，主动找到陈家，把多侵占的地统统还给了陈家。

忍让和宽容说起来简单，可做起来并不容易。因为任何忍让和宽容都是要付出代价的，甚至是痛苦的代价。人的一生谁都会碰到个人的利益受到他人有意或无意的侵害的事情。为了培养和锻炼良好的素质，你要勇于接受忍让和宽容的考验，即使感情无法控制时，也要管住自己的大脑，忍一忍，就能抵御急躁和鲁莽，控制冲动的行为。如果能像陈嚣那样再寻找出一条平衡自己心理的理由，说服自己，那就能把忍让的痛苦化解，产生出宽容和大度来。

生活中有许多事当忍则忍，能让则让。忍让和宽容不是怯懦胆小，而是关怀体谅。忍让和宽容是给予，是奉献，是人生的一种智慧，是建立人与人之间良好关系的法宝。一个人经历一次忍让，会获得一次人生的靓丽；经历一次宽容，会打开一道爱的大门。

宽容是一种艺术，宽容别人不是懦弱，更不是无奈的举措。在短暂的生命中学会宽容别人，能使生活中平添许多快乐，使人生更有意义。当我们在憎恨别人时，心里总是愤愤不平，希望别人遭到不幸、惩罚，却又往往不能如愿，一种失望、莫名烦躁之后，使我们失去了往日那轻松的心境和欢快的情绪，从而心理失衡。另外，在憎恨别人时，由于疏远别人，只看到别人的短处，言语上贬低别人，行动上敌视别人，结果使人际关系越来越僵，以致树敌为仇。这种嫉恨的心理对我们的不良情绪起了不可低估的作用。

今天嫉恨这个，明天嫉恨那个，结果朋友越来越少，对立面越来越多，这会严重影响人际关系和社会交往，成为"孤家寡人"。这样一来，不仅负面生活事件越来越多，自身的承受能力也越来越差，社会支持则不断减少，以致情绪一落千丈，一蹶不振。

可见，憎恨别人，就如同在自己的心灵深处种下了一粒苦种，不断伤害着自己的身心健康，而不是如己所愿地伤害被我们所憎恨的人。所以，在遭到别人伤害、心里憎恨别人时，不妨做一次换位思考，假如你自己处于这种情况，会如何应付？当你熟悉的人伤害了你时，想想他往日在学习或生活中对你的帮助和关怀，以及他对你的一切好处，这样，心中的火气、怨气就会大减，就能以包容的态度谅解别人的过错或消除相互之间的误会，化解矛盾，和好如初。这样，包容的是别人，受益的却是自己。自己就能始终在良好的人际关系中心情舒畅地学习与工作。

无论你一生中碰到如何不顺利的事情，遭遇到如何凄凉的境界，你仍然可以在你的举止之间显示出你的包容、仁爱，你的一生将受用无穷。

春秋时期，楚庄王是个既能用人之长又能容人之短的人。

在一次庆功会上，楚庄王的爱姬许姬为客人们倒酒。忽然一阵风吹来，把点燃的蜡烛刮灭了，大厅里一片漆黑。黑暗中有人拉了许姬飘舞起来的衣袖。聪明的许姬便趁势摘下了那个人的帽缨，接着便大声请求庄王掌灯追查。胸怀大度的庄王认为，这个臣子可能是酒后失态，不足为怪。庄王对许姬说："武将们是一群粗人，发了酒兴，又见了你这样的美人，谁能不动心？如果查出来治罪，那就没趣了。"

他立即宣布，此事不必追查。还让在座的人都在黑暗中取下帽缨，并为这次宴会取名为"摘缨会"。

后来，吴国攻打楚国。有个叫唐狡的将军作战英勇，屡立战功。事后，他找到庄王，当面认罪说："臣乃先殿上绝缨者也！"由于楚庄王胸襟开阔，宽厚容人，对下属不搞求全责备，于是才保住了人才，调动了他们最大的积极性。

其实，学着去宽容地对待别人和自己并没有我们想象中的那么难，在我们生活中的一些细节之处能做到以下几点就很不错了。

一、得饶人处且饶人。

不要抓住他人的错误或缺点不放，得饶人处且饶人，这样不仅会减少矛盾，也会提升自己的善良品质，进而会形成一种良好的社会风气。这种与人为善、悲悯众生的品德，正是人类生存所需要的美德。谁没有偶尔疏忽或急中出错，需要别人宽恕的时候呢？如果我们拘泥于这种低层次的偏执，则不仅会使他人尴尬难堪，悲从中生，也会让自己无端生仇。而且在人的这种相互计较中，社会阴暗面上升。从某种意义上来说，向善大于任何对错是非和人间法律。记住这些话，不为难人，得饶人处且饶人。不仅对一般人，也包括那些与我们结有仇怨，甚至是怀有深仇大恨的人。做人要给他人善缘，对他人宽容。

二、爱我们的敌人。

"爱我们的敌人"是一个颠扑不破的真理。在这个世界上，充满包容的心灵里是不会有任何敌人的。爱我们的敌人，这一处世之道包含了真知灼见，因为如果憎恨我们的敌人，只会使正在燃烧的怒火火上浇油，而宽容则能熄灭我们的仇恨之火。

在我们身上有这样一种规则：用善意来回应善意，用凶残来回应凶残。即使是动物也会对我们的各种思想做出相应的反应。一个驯兽员通过亲切友好的善意，用一根细绳便能指挥一头野兽，但如果靠暴力，也许十个人都不能将这只野兽动一下。一个佛教徒说："如果一个人对我不怀好意，我将慷慨地施予我的包容、仁爱之意。他的邪恶意图越强，我的善良之意也就越多。"

三、善于自制。

我们要宽容一个侵犯我们尊严、利益的人，这宽容中本来就包含着自制的内容。一个不能控制自己的人，往往情绪激动、指手画脚，就会把本来可以办成的事办砸了。这是成大事者的大忌。因此，为人处世要以身作则。只有自己做好了，才能让别人信服，同样，只有有自制力的人，才能很好地宽容他人。

四、求同存异。

人与人之间的冲突，很多是因为个性上的差异。其实，只要我们用宽容的心态求同存异，人际关系肯定会有很大改观的。和人相处，如果总是强调差异，就不会相处融洽。强调差异使人与人之间的距离越来越远，甚至最终走向冲突。要减少差异，就要设身处地为别人着想，以达成共识。为别人着想，就会产生同化，彼此间的关系就会更加融洽。如果把注意力放在别人和自己的共同点上，与人相处就会容易一些。同化就是找共同点。

用宽容之心把自己融进对方的世界，这个时候，无须恳求、命令，两人自然就会合作做某件事情。没有人愿意和那些跟自己作对的人合作。在人与人交往的过程中，每一个人都会有意无意地在想："这人是不是和我站在同一立场上？"人与人之间的关系，要么非常熟悉，要么非常冷漠，要么立场相同，要么南辕北辙。不管人和人有多么不同，在这一点上，你和你眼中的对手倒是一致的。唯有先站在同一立场上，两人才有合作的可能。就算是对手，只要你找出和他的共同利益关系，你们就可以走到一起。

第八章

人生没有白走的路，
每一步都算数

## 曾经的所有遗憾，其实都是成全

世间有太多美好的东西，它们就像具有魔力一般，总是散发着让人难以抗拒的诱惑，全部得到是不现实的，所以，学会放弃未尝不是一件坏事。舍得，以"舍"为"得"，播种是舍，收成是得，不舍怎么能得呢？其实，人应该懂得取舍，当你回过头看时，生活之中的遗憾，也未必不是另一种成全。

"人生就是一个选择的过程。人生的盒子里永远有很多糖果，打开一颗和全部打开的结果肯定是不一样的。"人生路上的取与舍是一门不简单的艺术，面对取舍，我们要沉下心来，明白一点：放弃也是获得，什么也不愿放弃的人，反而会失去最珍贵的东西。

哲人说，不为贫困潦倒而苦恼，也不为富贵荣华而欣喜。面对灯红酒绿、锦衣玉食的诱惑，很多时候，人们总是太容易左顾右盼而丢了自己，被贪婪侵蚀了心，不知满足，不懂舍弃，最后竹篮打水一场空。

有一个乞丐，每次路过高档酒店的时候都要驻足张望一番，看到里面的人坐在富丽堂皇的屋子里吃着美味的食物，他艳羡不已，感叹道："为什么上天这么不公平，要是我能住在这样气派的房子里，吃上这样好的饭菜，我就知足了。"

有一次，他刚想到这儿，命运之神就出现在他面前："我是命运之神，现在我打算帮助你，我要将金子装进你的袋子里，但是有一个条件，你不能让金子掉在地上，如果掉在地上就会变成一堆垃圾，你什么也得不到，能做到吗？""当然能。"乞丐盯着袋子满眼放光，迫不及待地让命运之神往里装金子，很快，袋子就变重了。命运之神提醒他："你的袋子是个旧袋子，放多了容易破的，一定要有限度。""还差得远呢！"乞丐一边用力抖袋子一边嚷着："再装点，还能多装点。"话还没说完，袋子"啪"的一下撑破了，所有的金子一下子滚落到地上，变成了一堆垃圾，命运之神也摇摇头然后消失了。

乞丐无法抗拒金子对他的诱惑，贪婪让他想要全部拥有，而最终一无所有。

美好的东西太多太多，如果装不下、背不动，就要懂得及时放弃。真正舍掉才会得到，知足才能常乐，学会放弃，学会舍得，那么，精彩的人生就会慢慢向你走来。

当你失去了繁华的灯红酒绿，就意味着获得了无染的蓝天白云；当你得到了名人的声誉和巨额财富，就意味着失去了做普通人的自由权利。在人生的漫漫长路中，要舍弃不恰当的自我定位，要忘却不属于自己的东西。准确的自我定位会让你的生活风轻云淡、舒适清爽，自己心之所向才是最重要的。

"既自以心为形役，奚惆怅而独悲。"这是陶渊明《归去来兮辞》中的句子，意思是，既然自愿心志被形体所役使，又为什么惆怅而独自伤悲？这是陶渊明为官时期不得不为生计之故而委身世俗，然而内心又不甘深陷世俗总想回到心向往之的田园生活的呐喊。

一次，有人告诉他，上级派人检查工作，应当"束带见之"。就如同今天的人要穿正装，扎上领带，等待领导接见。陶渊明实在不能忍受为五斗米向乡里小儿折腰，于是，留下配印，自己回家了。陶渊明乐归故里，宛如获得了新生。

陶渊明是一个能够不被富足的生活蛊惑，又能在贫贱中保持着做人的尊严和内心的快乐的人。面对自己的仕途，他毫不犹豫地选择了放弃，换来的是悠然自得的乡间生活。人的一生就是如此，舍与得无处不在，无时不有，得中有舍，舍中有得，在舍得之间，精彩你的人生。

当你紧握双手，里面什么也没有；当你打开双手，世界就在你手中。人世间就是这么奇妙，得之淡然，失之坦然，拥有海阔天空的人生境界，才是真正的智者。

## 凡是打不倒我们的，必会让我们更强壮

只有历经磨难的人，才能够更快、更好地成长。生活，永远只能在折磨中得到升华。换句话说，只要事情打不倒我们，必会让我们更强壮。

在我们的一生中，每个人都会遇到挫折，比方说有的人会遭遇下岗，有的人会遭遇失业，有的人会遭遇失恋，还有的人会遭遇破产、疾病等厄运。即使一个人比较幸运，没有遭遇以上那些厄运，那他也可能会面临升学压力、工作压力、

生活压力等各种烦心事,这些事在人生的某一时期萦绕在我们的周围,时时刻刻折磨着我们的心灵,使人寝食难安。甚至很多人在困难面前妥协不前,事实上,只要我们行动起来,我们完全可以克服生命中的障碍。而当一个人克服了生命中的障碍之后,那么,他的生命就得到了升华,他也会变得更加强壮。

被誉为"经营之神"的松下幸之助并不是一个社会的幸运儿,不幸的生活却促使他成为一个永远的抗争者。家道中落的松下幸之助9岁起就去大阪做一个小伙计,父亲的过早去世使得15岁的他不得不担负起生活的重担,寄人篱下使他过早地体验了生活的艰辛。

1910年,松下幸之助独自来到大阪电灯公司做一名室内安装电线练习工,一切从头学起。不久,他诚实的品格和上乘的服务赢得了公司的信任。22岁那年,他晋升为公司最年轻的检察员。就在这时,他遇到了人生最大的挫折。

松下幸之助发现自己得了家族病,在他的家中已经有9位家人在30岁前因为家族病离开了人世,这其中包括他的父亲和哥哥。当时的境况使他不可能按照医生的吩咐去休养,只能边工作边治疗。他没了退路,反而对可能发生的事情有了充分的精神准备,这也使他形成了一套与疾病做斗争的办法:他不断调整自己的心态,以平常心面对疾病。他不断调动机体自身的免疫力、抵抗力与病魔斗争,使自己保持旺盛的精力。这样的过程持续了一年,他的身体也变得结实起来,内心也越来越坚强,而他的心态也变得越来越好。

患病一年来的苦苦思索,希望改良插座得到公司采用的愿望受挫,使他下决心辞去公司的工作,开始独立经营插座生意。

可在松下电器公司创业之初,正好赶上第一次世界大战,物价飞涨,而松下幸之助手里的所有资金还不到100元,困难可想而知。公司成立后,最初的产品是插座和灯头,然而千辛万苦才生产出来的产品走上市场的时候,松下电器公司却遇到了棘手的销售问题,甚至在不久之后,工厂竟到了难以为继的地步,员工相继离去,松下幸之助的境况变得很糟糕。

但他把这一切都看成创业的必然经历,他对自己说:"再下点功夫,总会成功的!已有更接近成功的把握了。"他相信:坚持下去就会取得成功。功夫不负有心人,公司的生意逐渐有了转机,直到6年后拿出第一个像样的产品——自行车前灯时，公司终于慢慢走出了困境。

走出困境的松下电器公司所面对的并不是一帆风顺的坦途，而是一系列汹涌波涛的开始。1929年经济危机席卷全球，日本也未能幸免，松下电器公司销量锐减，库存激增。到1949年，松下电器公司债务达到了10亿元的巨额。为抗议把公司定为财阀，松下幸之助不少于50次去美军司令部进行交涉，其中辛苦自不必言。

一次又一次的打击并没有击垮松下幸之助，他以94岁的高龄向人们表明，一个人只有从心理上、道德上成长起来时，他才可以长寿。松下幸之助之所以能够走出遗传病的阴影，安然渡过企业经营中的一个个惊涛骇浪，得益于他永葆一颗年轻的心，并能坦然应对生活中的各种挫折的折磨。松下幸之助说过："你只要有一颗谦和开放的心，你就可以在任何时候从任何人身上学到很多东西。无论是逆境或顺境，坦然的处世态度，往往会使人更聪明。"

老子在《道德经》中说："天地不仁，以万物为刍狗。"人生在天地之间，就要面临各种各样的压力，这些压力对人形成一种无形的折磨，使很多人觉得人生在世就是一种苦难。

其实，我们远不必这么悲观，生活中有各种各样的折磨人的事，但是生命不一直在延续吗？我们不也一直在前进吗？很多事情当我们回过头来再去看的时候，就会发现，生命历经折磨以后，反而更加欣欣向荣。

事实就是这样，没有经过风雨折磨的禾苗永远不能结出饱满的果实，没有经过折磨的雄鹰永远不能高飞，没有经过折磨的士兵永远不会当上元帅，没有被老板、上司折磨过的员工也永远不能提高业务能力……

这就是自然界告诉我们的一个很简单的道理，一切事物如果想要变得更强，必须经过折磨，当没有什么折磨能够打得倒我们时，我们才会成为真正的强者。

## 不破不立：你失去的，必将很快找回

镜子碎了，还有机会复原吗？牛奶洒了，还有机会重新拾起吗？很多人也许就此悲观失落下去，一蹶不振，破碎的镜子也成了一堆废品，再无利用的价值。其实，镜子碎了，也隐藏着机会，关键在于你能不能利用好这个机会，化腐朽为神奇。也就是说，危机有时就是奇迹的开端，因此，遇到危机时，不要太慌乱，也不能气馁。

很久以前，有位国王很想按照法国模式建一个宫殿，其中要造一个镜子大厅，像凡尔赛宫中在壁上嵌满镜子的大厅一样。

当装满镜子的箱子运到时，建筑师亲手打开了第一个箱子，发现那些非常高大的大镜子全打碎了。他又打开第二只箱子，也是碎的。第三只，第四只……所有箱子里的玻璃镜都碎掉了！国王的愿望似乎实现不了了。

看到这种情况，建筑师起先也感到绝望。他再三思索，想尽一切可能弥补的方法，似乎一切都不可能。突然，他灵机一动，破碎的镜子也有再利用的价值的。他振作起来，拿起锤子把所有的镜子都敲碎成一个个小小的碎片，这样就可以连柱子也嵌上玻璃镜子了。当宫殿完工后，这个镜子大厅甚至比凡尔赛宫中的镜子大厅的样子还更漂亮，国王高兴极了。

别为打碎的镜子哭泣，逆境有的时候也会变成机会，须知"山重水复疑无路，柳暗花明又一村"，看似绝路的逆境，说不定一个转身，我们就能发现通往希望的一线生机，主要在于我们有没有强大的意志经受住多次失望的打击，有没有发现生机的眼睛。

西方有一种说法，上帝关上了一扇门，定会为你再留下一扇窗户。当门被关上的那一瞬间，孤立无援、失望无助的心情会充斥我们的心，这是正常的。有些人或许会因此崩溃，有些人或许会怨天尤人，控诉上帝为何如此不公，怨恨命运为何如此捉弄人，有些人或许在悲伤过后，背上行囊，收拾心情，主动寻找那扇小窗。是的，我们并不是没有出路的啊，上帝还为我们留了一扇窗户，虽然它不大，不显眼，需要有心的人们细心地寻找，但是逆境只是暂时的，它只是人生的一段插曲，它可以在我们的坚强意志下，演奏成一段惊心动魄，余音绕梁的乐章，它或许会演变成我们人生中最珍贵的一次经历。我们何不借此机会，勇敢地在逆境中站起来，化悲伤为动力，寻找人生的另一种境遇呢？

普希金在被沙皇流放的日子里，眼看着国内战火纷飞，自己却与世隔绝，无法投身于革命中，但他并没有自怨自艾，沉溺在逆境中找不到生活的方向，也没有丧失生活的斗志和信心，还写出《假如生活欺骗了你》一诗与世人同勉：

假如生活欺骗了你，不要悲伤，不要心急，忧郁的日子里需要镇静：相信吧，快乐的日子将会来临。

心儿永远向往着未来，现在却常是忧郁。一切都是瞬息，一切都将会过去，而那过去了的，就会成为亲切的怀恋。

他乐观、积极向上的态度鼓励着他的族人，用文学这另一种形式参与革命，上帝关上了他亲自上战场投身革命的门，却为他留下用手中这支笔进行斗争的窗。

人生在世，谁能不经历挫折，谁没有陷入逆境，谁没有错失机会，我们不能保证一生都走平坦大道，但我们有把曲折小道走成平坦大道的勇气。

镜子碎了，无法如愿用大镜子建成镜子大厅，原定通往目标的坦途出现了坎坷，但我们不能总是抱着一堆镜子碎片哭泣，而不寻求解决的方法。正如我们身处逆境之时，要思考的是怎么扭转这种不利的时势格局，而不是在痛苦悲伤中耗尽自己的能量。

那我们该如何在逆境中学会扭转这种不利的格局呢？我们要学会审时度势，并且因势利导，在把握了时势环境后蓄势待发，逆境而动，最终扭转时势。人生之路，总是在人与环境的相生相斥的过程中不断前进，相生则为顺境，相斥则为逆境。真正的强者，是居安思危，在顺境中发现阴影，是坚持不屈，在逆境中发现光亮。不因幸运而故步自封，不因厄运而一蹶不振。

别跟自己过不去，在逆境中微笑一下。中国的哲人常说"不破不立"，打碎的镜子中也会藏着让你意想不到的机会，而你在人生中失落的那些，也将会从另一处所在，以另一种方式全部找回。

## 苦难告诉你，你的力量有多大

任何一个人的一生都不会一帆风顺，遇到逆境犹如家常便饭。逆境对懦夫来说是一道难以逾越的高墙，在它面前望而却步；而对勇士来说却犹如动力之源，在它面前变得更强。逆境是一种人生的考验，身陷逆境而不泄气，不放弃自己，不就此沦落，奋起直追，敢于同命运抗争，便能走向成功。

22 岁那年，麦吉在一次事故中不幸失去了左腿。

失去左腿后不到一年，麦吉开始练习跑步，不久便开始去参加 10 千米赛跑。

随后麦吉又参加纽约马拉松赛和波士顿马拉松赛，打破了伤残人士组纪录，成为全世界跑得最快的独腿长跑运动员。

接着麦吉进军三项全能。那是一项极其艰难的运动，要游 3.85 千米、骑脚踏车 180 千米、跑 42 千米的马拉松。这对只有一条腿的麦吉来说，无疑是一个巨大的挑战。比赛中，麦吉骑着脚踏车以时速 56 千米疾驰，带领一大群选手穿过米申别荷镇，群众夹道欢呼。突然间，麦吉听到有人在尖叫。他扭过头，只见一辆黑色小货车朝他直冲过来。麦吉的记忆停留在了那一瞬间：群众尖叫，自己的身体飞越马路，一头撞在电灯柱上，颈椎瞬间折断。

麦吉醒来时，发现自己躺在重症病房，一动也不能动。周围的护士流着眼泪，一再说："我们很难过。"麦吉四肢瘫痪了，那时他才 30 岁。

庆幸的是，麦吉并不是完全瘫痪——手臂能抬起一点点，坐在轮椅上身子可以前倾，双手能做一些简单动作，双腿有时能抬起几厘米。

麦吉有点激动，因为这意味着他有了独立生活的可能，无须 24 小时受人照顾。经过艰苦锻炼，自认为"很幸运"的麦吉渐渐进步到能自己洗澡、穿衣服、吃饭，甚至开经过特别改装的车子。医生对此都大感惊奇。

接着，医生开始对麦吉重伤的脊椎进行治疗。医院对脊椎重伤病人的治疗好似施行酷刑。他们先给麦吉装上头环：那是一个钢环，直接用螺钉装在颅骨上，然后把头环的金属撑条连接到夹在麦吉身体两侧的金属板上，以固定麦吉的脊椎。安装头环时只能局部麻醉，医生将螺钉拧进麦吉的前额时，麦吉痛得直惨叫。

两个月后，头环拆除，麦吉被转送到一家康复保健中心。在这里，他发现有这么多与他命运相同的伙伴，眼前的处境也并不陌生，伤残、疼痛、失去活动能力、复健、耐心锻炼——所有这些他都经历过。

于是，麦吉不向命运低头的精神又回来了。他对自己说："你是过来人，知道该怎样做。你要拼命锻炼，不怕苦，不气馁，一定要离开这个鬼地方。"

其后几个月，麦吉康复的速度之快，出乎所有人预料。

脖子折断后仅仅六个月，麦吉便重返社会，开始独立生活。大约又经过六个月之后，他在三项全能运动员大会上，以《坚韧不拔和人类精神力量》为题，发表了激动人心的演说，获得了最热烈的掌声。

然而，即使康复过程顺利，病人也迟早要遇上一道墙：康复中止，残酷的现实浮现。麦吉遇上了这道墙。当时他的身体可复原的已复原了，不管怎样努力，有些事实始终无法改变：手臂永远不可能再抬到高过头顶，而且他永远不能再走路了。

明白这一点之后，向来不屈不挠的麦吉也泄气了。

后来，麦吉获得 380 万美元赔偿金，他决定迁居夏威夷。当时他对朋友说，他想去那里开始写自己的回忆录。其实，这完全是一种逃避现实的借口。麦吉有个不想让任何人知道的秘密：他患上了毒瘾。脖子折断后的第三年，麦吉认识了一个女人，她递给他一些可卡因，温柔地说："试试这个吧。你够苦了，没有人会怪你这么做。"

麦吉心想："对啊，没人会怪我的。"

一天凌晨，麦吉吸毒之后，转着轮椅来到一条寂静公路的中央。那是阿里道。

麦吉曾在阿里道赢得辉煌胜利，而这时他却在道上思量去哪里再弄些可卡因。这是现实的嘲弄，还是命运的捉弄？麦吉的心被刺痛了。"我才33岁，不想离开这个世界，"他想，"当然，我也不想四肢瘫痪，但既然无法改变这事实，只好学会好好活下去。"

麦吉开始试着从另一个角度看待眼前的处境："也许我的遭遇并非坏事，而是上天给我的美妙恩赐，令我有机会真正了解自己。"

从此，麦吉彻底改变了，又回到了生命的正常轨道。

处在绝望境地的拼搏，最能激发人身体内的潜在力量；没有这种拼搏，便永远不会发现真正的力量和强项。如果一个人总是处在安逸舒适的生活中，便不需要自己的多少努力，不需自己的奋斗，那我们只会让自己变得越来越懒，越来越没用。如果没有那障碍与缺陷的刺激，人们也许只会发掘出自己10%的才能，但一遇到针刺锥股般的刺激，他们便会把其他90%的才能也激发出来，这就是磨难意义的所在。

有句话说得好，痛苦之于人，犹狂风之于陋屋，巨浪之于孤舟，水舌之于心脏。百世沧桑，不知有多少心胸狭窄之人因受挫折放大痛苦而一蹶不振，更不知有多少人因受挫折放大痛苦而步入万丈深渊。但是，艰难的处境、失意的境遇和贫穷的状况，在历史上曾经造就了许多伟人。文王拘而演《周易》，左丘虽失明而著《国语》，仲尼在困苦中写《春秋》，屈原被君王疏远乃赋《离骚》，孙膑惨遭膑刑而造奇书《孙子兵法》……人的意志力是无穷的，只要自己信心不倒，充满活下去的勇气，无论多强的大风大浪，我们又何足惧之？

不要害怕你面前的任何困难，当你与它们正面交锋时，应该将这句话牢记于心："没有播种，何来收获；没有辛劳，何来成功；没有磨难，何来荣耀；没有挫折，何来辉煌。"

## 给自己悬崖，也给自己蓝天

任何人的生命都只有一次，任何一秒对于人来说都是弥足珍贵且无法再生的。幸福是无法"零存整取"的，你需要在每分每秒中去体会幸福，而不是把所有的幸福都"储存"起来，尝遍了所有的苦，再一次性地享受幸福。

世界上没有后悔药，生命过去了就不可能重来。每个人都应该在生活中的每一刻寻找生命里最本真的乐趣，不要因任何顾虑而战战兢兢，不要为任何流俗而压抑自己，当被困悬崖时，也要记得看看头顶的蓝天。这样在生命的终点，就不会因为突然觉悟而痛悔不已。

有这样一则寓言故事：

四个均为 20 岁的年轻人去银行贷款。银行答应借给他们每人一笔巨款，条件是他们必须在 50 年内还清本息。

第一个年轻人先挥霍了 25 年，用生命的最后 25 年努力工作偿还，结果他活到 70 岁时仍然一事无成，死去时负债累累。他的名字叫"奢侈"。

第二个年轻人用前 25 年拼命工作，50 岁时他还清了所有的欠款，但是那一天他却累倒了，不久就死了。他的遗照旁放着一个小牌，上面写着他的名字"吃苦"。

第三个年轻人在 70 岁时还清了债务，然后没过几天他去世了，他的死亡通知上写着他的名字"执着"。

第四个年轻人工作了 30 年，50 岁时他还完了所有的债务。生命的最后 20 年，他成了一个冒险家，地球上的多数国家他都去过了。70岁死去的时候，面带微笑。人们至今都记得他的名字"智慧"。

这四个年轻人所贷的巨款就是时间，而当年贷款给他们的那家银行叫"生命银行"。

这则寓言隐喻了四种人生态度——奢侈、吃苦、执着和智慧，而真正获得幸福的只有智慧。奢侈与执着自不必说，吃苦不当也不会得到回报。有人辛勤工作一辈子，却过早被"吃苦"所压倒。要知道，我们的人生并非只要"苦"，并不是"苦"都可以变成甜，人生短暂，应有所为有所不为，我们何不学做那个智慧的年轻人，苦乐俱享？

不难发现，会享受人生的人，不在于拥有多少财富，不在于住房大小、薪水多少、职位高低，也不在于成功或失败，而在于会数数。"不要计算已经失去的东西，多计算现在还剩下的东西。"这个十分简单的计算法就是享受人生的一种智慧。

不是所有的"苦"都可以变成甜，人应当清楚这一点，不要年纪轻轻就背上沉重的负担。人的精力有限，所做的事情也有限，不要把力气浪费在不必要的"苦"中，让自己成为"吃苦"的牺牲者，这样做并不伟大，你的牺牲也没有价值。

一位著名的电视节目主持人，邀请了一位老人做他的节目的特邀嘉宾。这位老人的确不同凡响。他讲话的内容完全是毫无准备的，也绝对没有预演过。但是，他说的每一句话都把他映衬得魅力四射，不管他什么时候说什么话，听起来总是让人觉得特别贴切，毫不做作，观众听着他幽默而略带诙谐的话语都笑弯了腰。

主持人也对这位幸福快乐的老人印象极佳，像观众一样享受着老人带来的快乐。最后，主持人禁不住问这位老人："您这么快乐，一定有什么特别的快乐秘诀吧！""没有，"老人回答道，"我没有什么了不起的秘诀。我快乐的原因非常简单，每天当我起床的时候我有两个选择——快乐和不快乐，不管快乐与否，时间仍然会不停地流逝，我当然会选择快乐。如果要秘诀的话，这就是我快乐的秘诀。"

老人的解释听起来似乎过于简单，但是他的话却包含着深刻的道理。就像诗人胡德说的那样："即使到了我生命的最后一天，我也要像太阳一样，总是面对着事物光明的一面。"

许多人每天开始时，就把它当成是昨天的继续，其实他们并不喜欢昨天。用这种方式开始，毫无疑问地，会使不好的一天紧接着另一个不好的一天。但是有一种更好的方法，会产生更好的结果。

早上闹钟响时，伸手把它关掉，然后立刻坐起来，双手拍掌，并且说："这是美好的一天，我要尽量多利用这个世界所提供的各种机会。"

既然你已经起床，要去淋浴了，如果没有小孩在睡觉的话，你还可以在浴室中高歌一曲。你不必借口说："我不会唱歌。"你唱的声调与才能并不重要，重要的是唱歌这件事。唱到兴头时便不会消极。美国著名心理学家威廉·詹姆斯说："我们不唱歌是因为我们不快乐。我们快乐是因为我们唱歌。"

你还能做到下一步，当你进入餐厅等早餐时，轻拍几下桌子，并说："亲爱的，你煮的牛奶、鸡蛋和煎午餐肉，正是我希望你准备的早餐。"即使你在过去365天每天都吃同样的早餐，这件有趣的事还必须发生。最重要的是，她会十分惊奇地看着你，而惊奇本身很有价值。即使早餐并不真的那么好，她也会在明天做得更好。

林肯曾经说过："人们的快乐不过就和他们的决定一样罢了。"你可以不快乐，如果你想要不快乐。你可以告诉自己所有的都不顺心，没有什么是令人满意的，这样，你肯定不快乐。但是，如果你要快乐，尽管告诉自己："一切都进展顺利，生活过得很好，我选择快乐。"那么可以确定的是，你的选择会变成现实。

## 摸摸坏情绪的头，让它安静地睡去

控制自我情绪是一种重要的能力，也是人区别于动物的重要标志。人是有理性的，而非依赖感情行事。不过，在生活中，很多人都没有能力很好地控制自己的脾气，而且又常常会为了大大小小的事情勃然大怒或愤愤不平。

人类内心的愤怒是由对客观现实的不满而生出，比如，遭到失败、遇到不平、个人自由受限制、遭人反对、无端受人侮辱、隐私被人揭穿、上当受骗等。

表面看起来愤怒是由于自己的利益受到侵害或者被人攻击和排斥而激发的保护自己的行为，其实，用愤怒的情绪困扰灵魂，乃是一种自我伤害。

对身体的伤害只是其中一个方面，愤怒对灵魂的摧残尤为严重。由灵魂而生的愤怒情绪，又回过头来伤害灵魂本身，让灵魂变得躁动不安，失去原有的宁静和提升自己的精力和时间，这是灵魂的一种自戕。

我们常常让愤怒占据了大部分的灵魂空间，让灵魂负载着重担，无法关照自身，更不能得到任何的提升，反而在愤怒情绪的支配下容易丧失理智，甚至远离人的高贵，接近于动物的蒙昧和愚蠢。

但是，让我们愤怒的人与事依然故我，他们继续做着错的事，享受着愉悦的心情。我们却因为愤怒而无法专注于眼前的工作，也没能很好地履行自己的职责。我们只顾着愤怒，而无暇体验生命中原本存在的美和善。

有一位得道高人曾在山中生活三十年之久，他平静淡泊，兴趣高雅，不但喜欢参禅悟道，也喜爱花草树木，尤其喜爱兰花。他的家中前庭后院栽满了各种各样的兰花，这些兰花来自四面八方，全是年复一年地积聚所得。大家都说，兰花就是高人的命根子。

这天高人有事要下山去，临行前当然忘不了嘱托弟子照看他的兰花。弟子也乐得其事，上午他一盆一盆地认认真真浇水，等到最后轮到那盆兰花中的珍品时，弟子更加小心翼翼了，这可是师父的最爱啊！他也许浇了一上午花有些累了，越是小心翼翼，手就越不听使唤，水壶滑下来砸在了花盆上，连花盆架也碰倒了，整盆兰花都摔在了地上。这下可把弟子给吓坏了，愣在那里不知该怎么办才好，心想：师父回来看到这番景象，肯定会大发雷霆！他越想越害怕。

下午师父回来了，他知道了这件事后一点儿也没生气，而是平心静气地对弟子说了一句话："我并不是为了生气才种兰花的。"

弟子听了这句话，不仅放心了，也明白了。

不管经历何种事情，我们都要学会和自己的坏情绪相处，在脉搏加快跳动之前，凭借理智的力量平静自己，更好地控制自己。

想一想，如果犯错是由于某种不可控的原因，我们为什么还要生气或愤怒呢？如果不是这样，那么犯错一定是由于善恶观的不正确。我们看到了这一点，说明在善恶观的问题上，我们的灵魂比犯错的人优越，比犯错的人更理性，更能辨明是非黑白。对于犯错的人，我们只有怜悯，不应有一丝愤怒。对于犯了错的人，尽己所能平静地劝诫他们，把他们当成理智生病的人去医治，没有必要生气，心平气和地告诉他们错误之处，然后继续做你该做的事，完成自己的职责。

我们痛苦的源头不在别处，正是自己心中那些愤怒、气闷等坏情绪，并不是别人那些令人发指的行为。控制自己的情绪，从而避免让灵魂受到伤害，是完全在我们的力量范围之内的。

我们常常会听到有人这样说："我生气了，别怪我发脾气！"或"我也不想发脾气，但我就是控制不了自己的情绪。"对于这样的人，很多佛学大师都建议他们通过诵经礼佛安抚自己的情绪，也可以通过读书明理来开解自己。

现在有很多人都对生活有很多不满，稍有不顺心就会大发雷霆。其实静下心来想想，愤怒对我们的人生有什么益处呢？当你生气时，既会伤害别人也会伤害自己。愤怒就好比一柄利剑，剑锋所向划伤幸福，也好比在别人的心墙上钉钉子，钉子可以拔掉，可是留下的坑洞却再难填平。你的每一次生气或发怒都是在你的心灵上横上一道沟壑，从而离幸福越来越远。

其实，天堂和地狱就在我们的一念之差，关键是要控制自己的情绪，不要像那夕阳西下时的晚霞，虽然燃烧出一片晃眼的灿烂，最终却被黑夜吞噬。其实，如果一个人能够从心底里认识到随意放纵情绪的坏处，就不会总是怨天尤人、情绪失控了。

很久以前，有一个年轻人，每次生气和人起争执的时候，就以很快的速度跑回家去，绕着自己的房子和土地跑3圈，然后坐在田地边喘气。他工作非常勤奋努力，他的房子越来越大，土地也越来越广，但不管自己多么富有，只要生气时，他还是会绕着房子和土地跑3圈。为什么他从来不会暴跳如雷呢？大家都很奇怪。

许多年过去，他已不再年轻。当心情不愉快的时候，他还是一如既往地拄着拐杖艰难地绕着土地、房子走完3圈。他的孙子在身边恳求他："爷爷，您年纪大了，这附近也没有谁的土地比您的更大，您何必这么辛苦呢？"

他笑了笑，说出隐藏多年的秘密："年轻时，每当我生气、郁闷，就绕着房子跑3圈，边跑边想，我的房子这么小、土地这么小，我哪有时间、哪有资格去跟人家生气呢？一想到这儿，我的气就消了。于是我就把所有的时间用来努力工作。等到现在，我一生气，就会一边走一边想，我的房子这么大、土地这么多，又何必跟人计较呢？这样，我的心又平静下来。我从来不会浪费时间去愤怒或沮丧，所以每一天都能过得很快乐。"

我们可以看出故事中的这位老人深谙生活的智慧。在生活中，只要与人打交道，就自然会有各种负面情绪滋生，假如任由坏情绪控制自己，人生将变得毫无乐趣。被愤怒控制，会因冲动铸成大错；被烦躁控制，会坐立不安，一事无成；被忧伤控制，会日渐消沉，看不到生活的希望。为什么不学会与我们的坏情绪和解呢？

生活中许多事情都不是我们能左右的。在面对那些让我们不愉悦的事情时，可以先转移自己的注意力，唤回失去的理智和信心，唱一首歌，读一本书，让优美动听的歌曲或温馨安静的文字唤起你美好的回忆，引发你对未来的憧憬。

当坏情绪冒出来时，我们要摸摸它的头，让它安静地睡去，也是让你自己的心不再成为情绪的垃圾场，能够每时每刻都用一颗宽容、豁达的心去面对世间的人与事，得到梦寐以求的和悦宁静。

## 世界以痛吻我，我会回报以歌

泰戈尔《飞鸟集》中有这样一句诗："世界以痛吻我，却要我回报以歌。"其中，透着些许的无奈和不甘心。面对着世界加诸给我们的痛苦，谁能够无怨尤地回报其愉悦的歌声呢？

我们看那些呱呱坠地的婴儿，生下来都是两手紧握，那两只小小的拳头，仿佛想要抓住些什么，而我们在看那些垂死的老人，临终前都是两手摊开，撒手而去。这是上天对人的警示：无论穷汉富翁，无论高官百姓，无论名流常人，都无法带走任何东西。上帝总让人两手空空来到人世，又两手空空离去。既然如此，又何必偏执于某一人、某一事、某一物呢？

唐代丰干禅师，住在天台山国清寺。一天，他在松林漫步，山道旁忽然传来小孩啼哭的声音，他循声一看，原来是一个稚龄的小孩，衣服虽不整，但相貌奇伟，问了附近村庄人家，没有人知道这是谁家的孩子，丰干禅师只好把这男孩带回国清寺，等待有人来认领。因为他是丰干禅师捡回来的，所以大家都叫他"拾得"。

拾得在国清寺安住下来，渐渐长大，上座就让他担任行堂（添饭）的工作。时间久了，拾得也交了不少道友，其中一个名叫寒山的贫子，二人相交最为莫逆，因为寒山贫困，拾得就将斋堂里吃剩的饭用一个竹筒装起来，给寒山背回去。

有一天，寒山问拾得说："如果世间有人无端地诽谤我、欺负我、侮辱我、耻笑我、轻视我、鄙贱我、恶厌我、欺骗我，我要怎么做才好呢？"

拾得回答道："你不妨忍着他、谦让他、任由他、避开他、耐烦他、尊敬他、不要理会他。再过几年，你且看他。"

寒山再问道："除此之外，还有什么处世秘诀，可以躲避别人恶意的纠缠呢？"

拾得回答道：

"弥勒菩萨偈语说——

老拙穿破袄，淡饭腹中饱，补破好遮寒，万事随缘了；

有人骂老拙，老拙只说好，有人打老拙，老拙自睡倒；

有人唾老拙，随他自干了，我也省力气，他也无烦恼；

这样波罗蜜，便是妙中宝，若知这消息，何愁道不了？

人弱心不弱，人贫道不贫，一心要修行，常在道中办。

如果能够体会偈中的精神，那就是无上的处世秘诀。"

有人谓寒山、拾得乃文殊、普贤二大士化身。台州牧闾丘胤问丰干禅师，何方有真身菩萨？告以寒山、拾得，胤至礼拜，二人大笑曰："丰干饶舌，弥陀不识。"

意指丰干乃弥陀化身，惜世人不识。说后，二人隐身岩中，人不复见。胤遣人录其二人散题石壁间诗偈，今行于世。

寒山、拾得二大士不为世事缠缚，洒脱自在，其处世秘诀确实高人一等。

其实幸福对于每个人来说，蕴藏着无限的哲理与深意，它就像一本大书，只有用心去读，才能品味到处处埋藏的幸福。只有明白生活中的真理，才能去撷取生活中未曾被注意的幸福。幸福就在平凡单调的生活中，幸福就在豪放洒脱的自在中，幸福就在怡然自得的闲情中，只有胸怀豁达，幸福才能从点点滴滴的细节中被释放。

豁达一些，不必为尘世的琐事而执着，当遇到那些让我们难过、悲伤、厌恶、生气或是抉择不下的事情，不如放宽自己的心胸，想着：随他去，不管他！也许生活会变得更容易一些，也更宽广一些，毕竟我们都需要随时腾出一只手来抓住幸福。

"阳光总在风雨后""梅花香自苦寒来"。没有哪种成功或者幸福能轻而易举就得到。生活中，我们常常会羡慕那些拥有幸福家庭和成功事业的人，然后会深感到自己的不幸。其实，世界上原本就没有完美的事物存在，幸不幸福也只是人们通过比较所获取的主观价值。每个人都一样，比幸福的人不幸，比不幸的人幸福。可天下的人，谁是最幸，谁又是最不幸的呢？乞丐吃一口饱饭的幸福和公主淋一场雨的不幸，可能都是人生中的巅峰体验。但苦难会让人更加懂得幸福的滋味。

生活总是充满苦难和磨炼的，而充实的生活，幸福的人生，正是因为这些苦难的存在，而显得更加弥足珍贵。因为，在人生的路上，经受困难是一种难得的历练。当然，困苦的环境，也可能会使你意志消沉，但你如果不战胜环境，环境就会战胜你，当你受到冷酷无情的打击便会妄自菲薄，以为前途绝无希望，听任命运的摆布，你将无声无息，老死原地。

当世界以痛吻我，就一定要回报给它最美的歌声，有着这样的信念，我们才不会轻易向苦痛和艰难低头。你要相信，只要你端正自己的心态，积极地向苦难挑战，你也会向寒梅一样傲立在皑皑白雪之中，吐露芬芳。

## 尽情享受过程，何必执着结果

生命不会给我们任何承诺，生命只给我们一次机会，关键是看我们怎样去活着，怎么去把握。是要好好地享受生命的过程，还是汲汲于追求结果，都是你自己的选择，是悠游自在，还是灰头土脸，全在于你是否能够看破。

佛印正坐在船上与东坡把酒话禅，突然听到："有人落水了！"佛印马上跳入水中，把人救上岸来。被救的原来是一位少妇。

佛印问："你年纪轻轻，为什么寻短见呢？"

"我刚结婚三年，丈夫就抛弃了我，孩子也死了，你说我活着还有什么意思？"

佛印又问："三年前你是怎么过的？"

少妇的眼睛一亮："那时我无忧无虑、自由自在。"

"那时你有丈夫和孩子吗？"

"当然没有。"

"那你不过是被命运送回到了三年前。现在你又可以无忧无虑、自由自在了。"

少妇揉揉眼睛，恍如一梦。她想了想，向佛印道过谢便走了。此后，这位少妇再也没有寻过短见。

三年前，少妇生活得非常快乐，三年来她的身边一直有丈夫和孩子的相伴，让她度过了一段幸福的时光，而三年后一旦失去，却陷入了痛苦的泥潭，不能自拔。缘起缘灭，得到失去，都是人生中的一段经历。

苏轼曾在赤壁慨叹，"人生如梦，一樽还酹江月"，既是如此，又何苦执着？一切都将过去。众生苦苦寻求，就是为了离苦得乐，然而，什么才是快乐的真正法门？

命运弄人，它总是喜欢以玩笑来捉弄世人，那么，我们又何必太较真呢？其实，生命给我们的不是一个死亡的结果那么简单，我们每时每刻的生命都在丰富我们的心灵，让我们享受各种经历的过程。这才是最难能可贵的。

有一个人潦倒得连床也买不起，家徒四壁，只有一张长凳，他每天晚上就在长凳上睡觉。他向佛祖祈祷："如果我发财了，我一定会用这笔钱好好地做一些有意义的事情。"

佛祖看他可怜，就给了他一个装钱的口袋，说："这个袋子里有一个金币，当你把它拿出来以后，里面又会有一个金币，但是当你想花钱的时候，只有把这个钱袋扔掉才能花。"

那个穷人就不断地往外拿金币，整整一晚上没有合眼，他家地上到处都是金币。这一辈子就是什么也不做，这些钱也足够他花的了。每次当他决心扔掉那个钱袋的时候，他都舍不得。

于是，他就不吃不喝地一直往外拿着金币，屋子里装满了金币。可是他还是对自己说："我不能把袋子扔了，钱还在源源不断地出来，还是让钱更多一些的时候再把袋子扔掉吧！"到最后，屋子里装的都是金币，他也虚弱得没有把钱从口袋里拿出来的力气了，但是他还是不肯把袋子扔了，终于死在了钱袋的旁边。

这个穷人之所以没有丢掉手中的钱袋，不仅是因为他的贪欲作祟，还因为他没有一个正确的价值观。当贫困缠身时，他不能摆脱厌弃之心而奋发图强，而当幸运眷顾时，他却得意忘形，甚至因为这一时的幸运而完全迷失了心智。这样的人，真是可悲又可怜！他不仅没有兑现自己的诺言去做所谓的"有意义的事"，反而因为贪婪和得意忘形丢失了性命。

一切都只是过程，故事中穷人错就错在他没有丝毫的享受过程之心，而只是一味地去关注结果，最终让自己丢了性命。

美国石油大王洛克菲勒是由衷地热爱自己的事业，他曾这样说："我永远也忘不了我做的第一份工作——簿记员的经历。那时，我虽然每天天刚蒙蒙亮就得去上班，而办公室里点着的鲸油灯又很昏暗，但那份工作从未让我感到枯燥乏味，反而令我着迷喜欢，连办公室里的一切繁文缛节都不能让我对它失去热心。而结果是雇主总在不断地为我加薪。……我从未尝过失业的滋味，这并非是我的运气好，而在于我从不把工作视为毫无乐趣的苦役，我能从工作中找到无限的快乐。"

洛克菲勒在给儿子的信中，也这样说："如果你视工作为一种乐趣，人生就是天堂；如果你视工作为一种义务，人生就是地狱。"

人生就像登山，不是为了登山而登山，而应着重于攀登过程中的观赏、感受与互动，如果忽略了沿途风光，也就体会不到其中的乐趣。人们最美的理想、最大的愿望便是过上幸福生活，而幸福生活是一个过程，不是忙碌一生后才能到达的一个顶点。生命本身就是个过程，如果你在这个过程中体会到了生命的魅力，那结果对你来说也只是一个过程——无数个结果串联成生命的过程。懂得享受过程的人，才真正懂得珍惜生命、享受生活。

## 冬天已经来了，春天还会远吗？

我们要坚信，冬天总会过去，春天必然会来临。这是对生活的信心，也是对生活的希望，有了信心与希望，无论事情再糟糕，我们也会有面对现实的勇气和决心。

尤利乌斯是一个画家，而且是一个很不错的画家。他画快乐的世界，因为他自己就是一个快乐的人。不过没人买他的画，因此他会有点伤感，但只是一会儿。

他的朋友们劝他："玩玩足球彩票吧！只花两马克便可赢很多钱！"

于是尤利乌斯花两马克买了一张彩票，并真的中了彩。他赚了50万马克。

他的朋友都对他说："你瞧！你多走运啊！现在你还经常画画吗？"

"我现在就只画支票上的数字！"尤利乌斯笑道。

尤利乌斯买了一幢别墅并对它进行了一番装饰。他很有品位，买了许多好东西：阿富汗地毯、维也纳柜橱、佛罗伦萨小桌、迈森瓷器，还有古老的威尼斯吊灯。

尤利乌斯很满足地坐下来，他点燃一支香烟静静地享受他的幸福。突然他感到好孤单，便想去看看朋友。他把烟往地上一扔，在原来那个石头做的画室里他经常这样做，然后他就出去了。

燃烧着的香烟躺在地上，躺在华丽的阿富汗地毯上……一个小时以后，别墅变成一片火的海洋，它完全烧没了。

朋友们很快就知道了这个消息，他们都来安慰尤利乌斯。

"尤利乌斯，真是不幸呀！"他们说。

"怎么不幸了？"他问。

"损失呀！尤利乌斯，你现在什么都没有了。"

"什么呀？不过是损失了两个马克。"

朋友们为了失去的别墅而惋惜，可是尤利乌斯却不在意，正如他所说的，不过是两马克，怎么能够影响他正常的生活，让他陷入悲伤之中呢？由此可见，事情本身并不重要，重要的是面对事情是否具有阳光的心态。只要有一双能够发现美好事物的眼睛，有一颗保持乐观的心态，那么即使是再悲惨的事情，也不会让我们悲伤。

我们都有这样的感受：快乐开心的人在我们的记忆里会留存很长的时间，因为我们更愿意留下快乐的而不是悲伤的记忆。每当我们回想起那些勇敢且快乐的人时，我们总能感受到一种柔和的亲切感。

其实，乐观就是享受生命的过程。困扰来自你的内心，正所谓"天下本无事，庸人自扰之"，过分强求结果的完美，只会使过程变得空洞乏味，而结果也未必就能如你所愿。世上的事往往就是这样，外因是变化的条件，只有内因才起决定作用。对于本来不必担忧的事，却整日愁眉不展，思前想后，结果可能顾此失彼。

所以，我们应该学会乐观面对，享受过程而不是过分注重结果。

当你实现一个目标，不管这个目标是什么，在此过程中，你都会不断成长。虽然你自己通常并不能察觉到这种成长，可是它却实实在在地发生着。因此，不要仅仅注重结果所带来的，更要知道过程使你发现了自身能力的新东西，并表现出了你身上更多的潜能，这些便是过程给我们的奖赏。

在希腊传说中，大力士西西弗斯，因为触犯了神主宙斯，被罚以苦刑：将一块大石头从奥林帕斯山下推到山上。由于加了神的咒语，巨石在抵达山顶的刹那，总是自动滚落到山下。在这日复一日的循环劳动中，西西弗斯感到无望，甚至绝望，他的惩罚永远都不会结束！

但是有一天他忽然发觉，自己搬动巨石的每个动作都充满了力与美。于是，他专注地享受着自己劳动的每一个动作。这时，一切的劳苦、疲惫和绝望都消失了。他开始全心享受这份苦役，不再抱怨、焦虑，只是凝注在当下那个动作里。奇迹发生了，诅咒竟然就在这一刻解除，西西弗斯从永无休止的苦役中重获了自由。

面对无望的结果，西西弗斯选择了享受过程。在对过程的欣赏中，他忘却了永无休止的苦役，生命由此柳暗花明，充满乐观。人生如一盘无解的玲珑棋局，与其苦苦思索无解的结局，不如享受这"下棋"的快乐。所谓退一步海阔天空，当我们懂得从另一个角度享受过程、享受生命的时候，束缚我们精神的"巨石诅咒"便会像雾一样散开。

如果人总是关注于目标本身，而很少关心目标实现的过程，过程当中的许多本可以唾手可得的美妙之处，就会被无情抛弃。其实，过程要比目标重要得多，在追求目标的过程中，享受过程的快乐会让你有很多意外之喜，但假如一个人对身边唾手可得的美妙东西嗤之以鼻，那么，他可能会错失很多机会。

人生的过程很长，我们何苦为了一次暂时的失败而放弃整个漫长的美好生活呢？

所以，即使面对不如意的事情，也千万不要让自己心情消沉，一旦发现有这种倾向就要马上避免。我们应该塑造阳光心态，塑造乐观的心态，面对所有的打击都要坚韧地承受，面对生活的阴影也要勇敢地克服。要知道，冬天终将过去，春天也必然会随之到来，所以耐心地忍耐寒冬吧，生命定会还你最美的春色。

## 忍耐是痛苦的，结果是甜蜜的

西班牙小说家、剧作家、诗人塞万提斯·萨维德拉曾经说过："忍耐是一帖利于所有痛苦的膏药。"忍耐挫折，我们将会收获成功时需要的经验；忍耐压力，我们将会收获成功时需要的承受能力；忍耐枯燥的岗位，我们将会收获成功时需要的踏实与认真；忍耐平凡，我们将会收获成功时候需要的经验……

在人的一生中，总会遇到各种各样的不如意，可怕的是缺乏一种忍耐这些不如意的精神及个性。忍耐时虽然是痛苦的，可是收获的果实却是甜蜜的。我们的工作能力得到提高，我们的工作经验得到累积，我们的处世技巧得到提升……

人生是公平的，半途而废往往难以收获果实，只有多一分耐心与坚持，多一分尊重与体谅，坚持到最后才能收获。

宋敏是名牌大学毕业的，在一家事业单位工作。单位里要写很多材料，她毕竟刚来，对公文写作还不是很熟，于是每次写好后，她都要给同事老王看，待老王修改完，她再拿去请科长审阅。

很快，宋敏的材料越写越好，老王已经没有什么可以修改的了，可科长仍旧东涂西抹，不留情面。宋敏虽有些不悦，但没说什么，依然是很谦虚地请科长批改。老王愤愤不平，他认为科长的水平已修改不了宋敏的文章了。

他给宋敏讲过这样的故事：赫鲁晓夫观抽象画展，看不懂，就破口大骂，负责展览的艺术家回敬道，您对艺术根本不懂。赫鲁晓夫说出了他的那句名言，当我是一名矿工时，我不懂，当我是党的低级官员时，我不懂，但是，今天我是部长会议主席、党的领袖，因此，我现在当然懂。

老王揶揄道，他现在是科长，他当然能够修改科员的文章。宋敏只是笑，显得不介意。有时被老王逼紧了，她也只是说，不就是改个材料吗，又不是修改我的人生。

由于宋敏的谦虚勤奋或许还有才能，科长把宋敏推荐给上级宣传部门，宋敏升职了。

一天，上级要求科里写一个大材料，材料组织好后，科长让人先送到宣传部门说是请上级把关，两天后，宋敏把材料修改好。这个材料得到了上级的好评。科长很满意，说宋敏还真行，我没有看错人。宋敏请大家吃饭，有人私下里对宋敏说，你应该让科长请你吃饭才对，那文章是你写得好。宋敏说，那怎么行，我会写材料是你们教的，我得感谢你们才对。

忍耐一切就能战胜一切。

忍，是一种韧性的战斗，是一种永不败北的战斗策略，是战胜人生危难和险恶的有力武器。忍，是医治磨难的良方。忍人一时之败、一时之辱，一方面可脱离被动的局面，同时是一种对意志、毅力的磨炼。

《菜根谭》中有一句话："处世时让人一步为高，退步就是进步的根本，待人宽一分是福，利人实是利己的根基。"忍住那些平庸、压力、困难，实际上是帮助你自己成就大业。

人生中，不是所有的事情都是心如所愿，我们都小心翼翼地行走在职场中。残酷的现实有时是需要我们低下头忍耐一下，这充满着无奈但更是一种智慧。

古希腊哲学家柏拉图告诉人们："要是有些事情你无法避免，那你的职责就是忍受。如果你命里注定需要忍受，那么说自己不能忍受就是犯傻。耐心是一切聪明才智的基础。"

控制力可以成就一个人，因为幸运之神总能给耐心的、控制自我并坚持到最后的人以意外的惊喜。

忍住自己的欲望从而控制自己的行动是最大的控制力。多一份忍耐，多一份坚持，过程虽然痛苦，但收获的果实却是甜蜜的。

狂风暴雨往往摧残禾苗的生长，却也是它们结果的必然条件。当折磨你的人出现时，说明你的成功机遇已经来临。当然，这得需要你学会忍耐，接受那些肆意的折磨与侮辱，梅花香自苦寒来。

任何一个成大事者必须具备忍耐挫折，忍耐成功前的艰辛的能力，更要具备忍耐不如意的时时侵扰。假如你想赚钱、想创业、想成名，一定要先掂量掂量自己：面对从肉体到精神上的全面折磨，你有没有那样一种宠辱不惊的"定力"与"忍耐力"。因为，创业要比一般人承受更多的困难、挫折乃至痛苦和孤独。无论遇到什么事情，哪怕是违背自己本意的事情，都得控制自己的情绪，不得有过激的言行；否则，你很有可能会前功尽弃。

人生不可能一帆风顺，机会也不会总顺风而来，蕴藏在逆境中的机会有时更加巨大，足以改变人的一生，所以，对于逆境也应该抱着一种忍耐的态度。磨难虽苦，但却可以化为人生的财富。

第九章
你所失去的，
终将与更好的你重逢

## 世界上没有失败，只有暂时的不成功

西娅在维伦公司担任高级主管，待遇优厚。很长一段时间，她都为到底去什么地方度假而烦恼，但是情况很快就变得糟糕起来。为了应对激烈的竞争，公司开始裁员，而西娅是被裁掉的其中一员。那一年，她43岁。

"我在学校里一直表现不错，"她向朋友说道，"但没有哪一项特别突出。后来，我开始从事市场销售。在30岁的时候，我加入了那家大公司，担任高级主管。"

"我以为一切都会很好，但在我43岁的时候，我失业了。那感觉就像有人给了我的鼻子一拳，"她接着说，"简直糟糕透了。"西娅似乎又回到了那段灰暗的日子，语气也沉重了许多。

在那段灰暗的日子里，西娅不能接受自己失业的事实。躲在家里不敢出门，因为每当看到忙碌的人们，她都会觉得自己没用，脾气也越来越大，孩子们也越来越怕她。情况似乎越来越糟糕。

但是，转机出现了。一个月后，一个出版界的朋友询问她，如何向化妆业出售广告。这是她擅长的东西，她似乎又重新找到了自己的方向：为很多的公司提供建议、出谋划策。

两年后，西娅已经拥有了自己的咨询公司。她已经不再是一个打工者，而是一个老板，收入自然也比以前多很多。

"被裁员是一件糟糕的事情，但那绝对不是地狱。也许，对你自己来说，可能还是一个改变命运的机会，比如现在的我。其实，重要的是如何面对。我记得那句名言：世界上没有失败，只有暂时的不成功。"西娅总结道。

## 生活最迷人处，从来都不是如愿以偿

花草的种子失去了在泥土中的安逸生活，却获得了在阳光下发芽微笑的机会；小鸟失去了几根美丽的羽毛，经过跌打，却获得了在蓝天下凌空展翅的机会。

人生总在失去与获得之间徘徊。没有失去，也就无所谓获得。生活最迷人处，从来都不是如愿以偿。

人生就像一场旅行。在行程中，我们会用心去欣赏沿途的风景，同时会接受各种各样的考验。在这个过程中，我们会失去许多，但是，我们同样会收获很多。因为，失去所传递出来的并不一定都是灾难，也可能是福音。

有一位住在深山里的农民，他经常感到环境艰险，难以生活，于是便四处寻找致富的好方法。一天，一位从外地来的商贩给他带来了一样好东西。尽管在阳光下看去那只是一粒粒不起眼的种子，但据商贩讲，这不是一般的种子，而是一种叫作"苹果"的水果的种子，只要将其种在土壤里，两年以后，就能长成一棵棵苹果树，结出数不清的果实，拿到集市上，可以卖好多钱呢！

欣喜之余，农民急忙将苹果种子小心收好，但脑海里随即涌现出一个问题：既然苹果这么值钱、这么好，会不会被别人偷走呢？于是，他特意选择了一块荒僻的山野来种植这种颇为珍贵的果树。

经过近两年的辛苦耕作，浇水施肥，小小的种子终于长成了一棵棵苗壮的果树，并且结出了累累硕果。

这位农民看在眼里，喜在心中。嗯！因为缺乏种子的缘故，果树的数量还比较少，但结出的果实也肯定可以让自己过上好一点儿的生活。

他特意选了一个吉祥的日子，准备在这一天摘下成熟的苹果，挑到集市上卖个好价钱。当这一天到来时，他非常高兴，一大早便上路了。

当他气喘吁吁爬上山顶时，心里猛然一惊，那一片红灿灿的果实，竟然被外来的飞鸟和野兽们吃了个精光，只剩下满地的果核。

想到这几年的辛苦劳作和热切期望，他不禁伤心欲绝，大哭起来。他的财富梦就这样破灭了。在随后的日子里，他的生活仍然艰苦，只能苦苦支撑下去，一天一天地熬日子。不知不觉之间，几年的光阴如流水一般逝去。

一天，他偶然来到了这片山野。当他爬上山顶后，突然愣住了，因为在他面前出现了一大片茂盛的苹果林，树上结满了累累硕果。

这会是谁种的呢？在疑惑不解中，他思索了好一会儿才找到了一个出乎意料的答案。这一大片苹果林都是他自己种的。

几年前，当那些飞鸟和野兽在吃完苹果后，就将果核吐在了旁边，经过几年的生长，果核里的种子慢慢发芽生长，终于长成了一片更加茂盛的苹果林。

现在，这位农民再也不用为生活发愁了，这一大片林子中的苹果足以让他过上温饱的生活。

有时候，就像这位农民一样，我们失去的反而是另一种获得。

生活中，一扇门如果关上了，必定有另一扇门打开。我们失去了一种东西，必然会在其他地方收获另一个馈赠。关键是我们要有乐观的心态，相信有失必有得。要舍得放弃，正确对待我们的失去，因为失去可能是一种生活的福音，它预示着我们的另一种获得。

所以，我们应该正视人生的得失。当我们得到的时候要感恩，要懂得珍惜；当我们失去的时候不要抱怨，也不用无所适从。月有阴晴圆缺，懂得生活的人能坦然面对所谓的得失。而不懂得生活的人，往往会付出难以挽回的代价。

有这样一对性格不合的夫妇，丈夫8次提出离婚要求，而妻子就是死活不离。在法院判决中，女方总是胜诉，就这样一直拖了29年。29年的岁月过去了，这位妇女的青春年华在拖延不决中消失了，乌黑的头发已成白发，红润的脸颊变黄了，刻上了一道道岁月的伤痕，身体也被折磨得满身病痛。

由于妻子的坚持，婚姻仍然存在，然而爱情早已荡然无存。她失去了幸福的家庭，失去了自己的青春，失去了健康的身体，也失去了再婚的机会，孩子也没有因此追回父爱。

结果，法院还是判离了。离婚后不到两年，这位不幸的妇女就因病情加重而离开了人世。

人生是自己的，我们不能怪这位妻子，然而，她的执着又得到了什么？

每一种生活都有它的得与失，正如俗语所说："醒着有得有失，睡下有失有得。"所以面对生活中的得失，我们都应该抱有一种坦然的态度，凡事看开些。世界是公平的，在这里失去的，我们会在另外的地方得到补偿。有时，失去可能反而是一种福音。

## 充满希望，就能挖出生命的宝藏

一个人不可能总是一帆风顺的，在时运不济时永不绝望的人就有希望。诸葛亮六出祁山，是什么在支撑着他？是财富？是官爵吗？都不是，是精神，是一种"永不绝望"的精神。每一个人都有自己人生的最高理想。然而，却只有极少数的人成功地步入自己的理想领域。由此说来，多数人缺少的便是这种"永不绝望"的精神。重大的挫折压倒的，只是人的躯壳，而它万万压不倒的是人们"永不绝望"的精神！

在生死攸关的情况下，这种"永不绝望"的精神更是显得珍贵，甚至它就是我们性命之所系。

那是在1966年的夏天。一天，德国南部的一个煤矿发生塌坑事故，有16人被埋在坑道里，矿工家属们拥挤在矿坑口喊叫着："我丈夫怎么样啊？""我父亲还活着呀？快点救呀！"这些母亲、妻子、儿女、兄弟姐妹，他们都诚恳地向上帝祷告：救救我们家那个干活的人吧！他们哭喊着，对正在进行的救助工作投以全部希望。

这时，联络线传来消息："16个人中有15名平安无事。"接着，又念出了15个人的名字。这15个人的家属们大大松了一口气。

可是，在幸存者的名单中却没有一名叫布列希特的青年矿工。他才刚结婚两天，他那年轻的妻子叫着："我丈夫布列希特不行了吗？"她的嘴唇颤抖，强忍悲痛。

"不，还不能这么说，我们呼喊过他的名字，但没得到回答。所以，还不确定他在什么地方，在情况还没最后弄清前请不要灰心，我们一定会把他救出来。"救助队的负责人眼望这位刚刚结婚的妙龄新娘，怜悯之情油然而生。

"我相信布列希特一定活着，请无论如何也要把他救出来！"这位少妇两只盈满泪水的大眼睛里透出一种强烈的愿望，充满了对救护队长的哀求之意。

她始终坚定地相信丈夫还活着，把全部思念之情倾注在坑道里的丈夫身上。她对着地下坑道喊叫着："你要振作精神活下去呀，为了你和我，你不能死。他们一定会救出你的。"而这位布列希特，在矿坑塌陷的一刹那间，仓皇逃跑弄错了方向，和其他人失散了，所以独自一人被埋在坑道间隙的一小块场地里，加上被隔离的地方与地面联络线路相距很远，所以，他就像深锁在孤独的密室里一样，与外界完全断绝了。他在 600 米的地下，强忍着饥饿和阴暗环境的侵袭，费尽心力，使他那生命之灯继续点燃下去。

事故发生后，已经过了整整 13 个小时之久。突然，在他耳边出现了他妻子的声音，虽然声音很小，但还能依稀可辨。"你要挺住！要活下去！他们一定会救出你的。"啊，这是多么清晰而亲切的声音，爱人在呼唤着自己！我不能死，要活下去！布列希特在黑暗的塌坑里，一直用妻子的鼓励支撑着他那即将衰竭的气力。

妻子在坑外心急如焚。她不断地向地下的丈夫呼叫，声音都已经嘶哑，对周围人们不可思议的目光毫不理睬。她坚定地相信，自己的声音一定能传给坑道内的丈夫。

抢救工作格外困难，由于抢救不及时，原来幸存的 15 个人被抬出坑口的时候，已经是 15 具尸体。他们的家属悲恸欲绝，号啕大哭。只剩下布列希特一个人了。到第六天，奇迹出现了：他被救出来时仍然活着。

"我能在黑暗的矿坑里活到现在，全靠妻子的鼓励，没有她的持续不断的喊声恐怕我早已绝望而死了。"青年矿工以充满对心爱妻子的感激之情向人们诉说着。

这就是希望的神奇力量，它能支撑人的生命，若不是矿工和他妻子都未绝望，恐怕事情就是另一个结局了。

无独有偶，在那年的英吉利海峡也发生过一件类似的事。

1966 年 10 月，一个漆黑的夜晚，在英吉利海峡发生了一起船只相撞事件。一艘名叫"小猎犬号"的小汽船跟一艘比它大 10 多倍的航班船相撞后沉没了，104 名搭乘者中有 11 名乘务员和 14 名旅客下落不明。

艾利森国际保险公司的督察官弗朗西斯从下沉的船身中被抛了出来，他在黑色的波浪中挣扎着。他觉得自己已经气息奄奄了，但救生船还没来。渐渐地，附近的呼救声、哭喊声低了下来，似乎所有的生命全被浪头吞没，死一般的沉寂在周围扩散开去。弗朗西斯觉得他生存的希望已经渐渐消失，他就快要绝望了。就在这令人毛骨悚然的寂静中，出人意料地突然传来了一阵优美的歌声。那是一个女人的声音，歌曲丝毫也没有走调，而且也不带一点儿哆嗦。那歌唱者简直像面对着客厅里众多的来宾在进行表演一样。

弗朗西斯静下心来倾听着，一会儿就听得入了神。教堂里的赞美诗从没有这么高雅，大声乐家的独唱也从没有这般优美。寒冷、疲劳刹那间不知飞向了何处，他的心境完全复苏了。他循着歌声，朝那个方向奋力游去。靠近一看，那儿浮着一根很大的圆木头，可能是汽船下沉的时候漂出来的。几个女人正抱住它，唱歌的人就在其中，她是个很年轻的姑娘。大浪劈头盖脸地打下来，她却仍然镇定自若地唱着。在等待救生船到来的时候，为了让其他妇女不丧失力气，为了使她们不至于因寒冷和失神而放开那根圆木头，她用自己的歌声给她们增添着精神和力量。就像弗朗西斯借助姑娘的歌声游靠过去一样，一艘小艇也以那优美的歌声为导航，终于穿过黑暗驶了过来。于是，弗朗西斯、那唱歌的姑娘和其余的妇女都被救了上来。

所以，在面对绝境的时候，你可以选择垂头丧气地哭泣或哀号，绝望地将自己交与命运之手；你也可以选择把恐惧扔在一边，像那姑娘一样唱支动听的歌，鼓舞自己，给自己点燃希望。

## 发现自己错的时候，就在成长

人类有着一个共同的特点，就是总将问题归结到别人的身上，认为别人是问题的制造者，而自己只是一个无辜的受害者。殊不知，98%的问题都是自己造成的，如果自己身上没有问题或在自己的环节将问题彻底解决，便不会出现一发不可收拾的局面了。

一本杂志曾刊登过这样一个故事：

当巴西海顺远洋运输公司派出的救援船到达出事地点时，"环大西洋"号海轮已经消失了，21名船员不见了，海面上只有一个救生电台有节奏地发着求救的信号。救援人员看着平静的大海发呆，谁也想不明白在这个海况极好的地方到底发生了什么，从而导致这条最先进的船沉没。后来有人发现电台下面绑着一个密封的瓶子，打开瓶子，里面有一张字条，21种笔迹，上面这样写着：

一水汤姆："3月21日，我在奥克兰港私自买了一个台灯，想给妻子写信时照明用。"

二副瑟曼："我看见汤姆拿着台灯回船，说了句'这小台灯底座轻，船晃时别让它倒下来'，但没有干涉。"

三副帕蒂："3月21日下午船离港，我发现救生筏施放器有问题，就将救生筏绑在架子上。"

二水戴维斯："离岗检查时，我发现水手区的闭门器损坏，用铁丝将门绑牢。"

二管轮安特尔："我检查消防设施时，发现水手区的消火栓锈蚀，心想还有几天就到码头了，到时候再换。"

船长麦特："起航时，工作繁忙，没有甲板部和轮机部的安全检查报告。"

机匠丹尼尔："3月23日上午理查德和苏勒的房间消防探头连续报警。我和瓦尔特进去以后，未发现火苗，判定探头误报警，拆掉交给惠特曼，要求换新的。"

机匠瓦尔特："我就是瓦尔特。"

大管轮惠特曼："我说正忙着，等一会儿拿给你们。"

服务生斯科尼："3月23日十三点到理查德房间找他，他不在，坐了一会儿，随手开了他的台灯。"

大副克姆普："3月23日十三点半，带苏勒和罗伯特进行安全巡视，没有进理查德和苏勒的房间，说了句'你们的房间自己进去看看'。"

一水苏勒："我笑了笑，也没有进房间，跟在克姆普后面。"

一水罗伯特："我也没有进房间，跟在苏勒后面。"

机电长科恩："3月23日十四点，我发现跳闸了，因为这是以前也出现过的现象，没多想，就将闸合上，没有查明原因。"

三管轮马辛："感到空气不好，先打电话到厨房，证明没有问题后，又让机舱打开通风阀。"

大厨史若："我接马辛的电话时，开玩笑说，我们在这里有什么问题，你还不来帮我们做饭，然后问乌苏拉：'我们这里都安全吗？'"

二厨乌苏拉："我也感觉空气不好，但觉得我们这里很安全，就继续做饭。"

机匠努波："我接到马辛的电话后，打开通风阀。"

管事戴思蒙："十四点半，我召集所有不在岗位的人到厨房帮忙做饭，晚上会餐。"

医生英里斯："我没有巡诊。"

电工荷尔因："晚上我值班时跑进了餐厅。"

最后是船长麦特写的话："十九点半发现火灾时，汤姆和苏勒房间已经烧穿，一切糟糕透了，我们没有办法控制火情，而且火越烧越大，直到整条船上都是火。我们每个人都犯了一点错误，最终酿成了船毁人亡的大错。"

看完这张绝笔字条，救援人员谁也没说话，海面上死一样的寂静，大家仿佛清晰地看到了整个事故的过程。

船长麦特的最后一句话是最值得我们深思的："我们每个人都犯了一点错误，最终酿成了船毁人亡的大错。"问题出现时，不要再找借口了，因为你自己才是问题的真正根源，98%的问题都是自己造成的，"环大西洋"号的覆灭不正说明了这一点吗？

失败者的借口通常是"我没有机会"。他们将失败的理由归结为不被人垂青，好职位总是让他人捷足先登，殊不知，其失败的真正原因恰恰在于自己不够勤奋，没有好好把握得之不易的机会。而那些意志坚强的人则绝不会找这样的借口，他们不等待机会，也不向亲友们哀求，而是靠自己的勤奋努力去创造机会，因为他们深知，很多困境其实是自己造成的，唯有自己才能拯救自己。

## 带着你的微笑和武器，面对人生的不期而遇

以欢乐面对人生，以宽容对待别人，以笑声战胜挫折，以信心面对困难，以欣赏的目光看待每一件事物。

1954年，当美国著名作家海明威上台接受诺贝尔文学奖时，他谦虚地说道："得此奖项的人应该是那位美丽的丹麦女作家——嘉伦·碧森。"

海明威所说的这位丹麦女作家，就是曾经凭电影《走出非洲》获得好莱坞奥斯卡金像奖的女主人公。《走出非洲》这部电影的结尾，打上一行小小的英文字：嘉伦·碧森返回丹麦后成了一位女作家。

嘉伦·碧森（1885～1962年）从非洲返回丹麦后，不但成为一位享誉欧美文坛的女作家，而且在她去世30多年后，她和比她早出世80年的安徒生被并称为丹麦的"文学国宝"。

嘉伦·碧森离开非洲的那一年，可以说是一个什么都没有的女人，有的只是一连串的厄运：她苦心经营了18年的咖啡园因长年亏本被拍卖了；她深爱的英国情人因飞机失事而毙命；她的婚姻早已破裂，前夫再婚；最后，连健康也被剥夺了，多年前从丈夫那里感染到的梅毒发作，医生告诉她，病情已经到了药物不能控制的阶段。

回到丹麦时，她可以说是身无分文，而且除了少女时代在艺术学院学过画画，无一技之长。她只好回到母亲那里，仰赖母亲，她的心情简直是陷落到绝望的谷底。

在痛苦与低落的状况下，她鼓足了勇气，开始在童年老家伏案笔耕。一个黑暗的冬天过去了，她的第一本作品终于问世，是七篇诡异小说。

她的天分并没有立刻受到丹麦文学界的欣赏，她的第一本作品在丹麦饱尝闭门羹。有的人甚至认为，她故事中所描写的鬼魂，简直是颓废至极。

嘉伦·碧森在丹麦找不到出版商，便亲自把作品带到英国去，结果又碰了一鼻子灰。英国出版商很有礼貌地回绝她："夫人，我们英国现在有那么多的优秀作家，为何要出版你的作品呢？"

嘉伦·碧森颓丧地回到丹麦。她的哥哥蓦然想起，曾经在一次旅途中认识了一位在当时颇有名气的美国女作家，毅然把妹妹的作品寄给那位美国女作家。事有凑巧，那位女作家的邻居正好是个出版商，出版商读完了嘉伦·碧森的作品后，大为赞赏地说，这么好的作品不出版实在是太可惜了。她愿意为文学冒险。

1943年，嘉伦·碧森的第一本作品《七个歌德式的故事》终于在纽约出版，并一鸣惊人，不但好评如潮，还被《这月书俱乐部》选为该月之书。当消息传到丹麦时，丹麦记者才四处打听，这位在美国名噪一时的丹麦作家到底是谁？

嘉伦·碧森在她行将50岁那年，从绝望的黑暗深渊，一跃而成为文学天际一颗闪亮的星星。此后，嘉伦·碧森的每一部新作都成为名著，原文都是用英文书写，先在纽约出版，然后再重渡北大西洋回到丹麦，以丹麦文出版。嘉伦·碧森在成名后说:"在命运最低潮的时刻,她和魔鬼做了个交易。她效仿歌德笔下的浮士德,把灵魂交给了魔鬼,作为承诺,让她把一生的经历都变成了故事。"

嘉伦·碧森把自己一生的各种经历先经过一番过滤、浓缩,最后把精华部分放进她的故事里。她的故事大都发生在一百多年前,因为她认为,唯有这样她才能得到最大的文学创作自由。熟悉嘉伦·碧森的读者,不难在其作品中看到她的影子。

嘉伦·碧森写作初期以 Isak Dinesen 为笔名,成名后才用回本名。Isak,犹太文是"大笑者"的意思。她之所以采用这个笔名,也许是在暗示世人,以笑声面对残酷的命运。

嘉伦·碧森成为北大西洋两岸文学界的宠儿后,丹麦时下的年轻作家皆拜倒在她的文学裙下,把她当女王般看待。74 岁那年,她第一次拜访纽约,纽约文艺界知名人士,包括赛珍珠和阿瑟·米勒皆慕名而来。嘉伦·碧森为她的文学也付出了很大的代价,梅毒给她带来极大的肉体痛苦,当梅毒侵入她的脊柱时,她常痛得在地上打滚。晚年时,她变得极其消瘦、衰弱,坐立行皆痛苦不堪。

嘉伦·碧森死时 77 岁,死亡证书上写的死因是:消瘦。正如她晚年所说的两句话:"当我的肉体变得轻如鸿毛时,命运可以把我当作最轻微的东西抛弃掉。"有的人喜欢以笑声面对困苦,有的人喜欢以埋怨面对不幸。

既然笑也要过生活,哭也要过生活,为什么不能让自己过得快乐一点呢?所以,无论遭遇多大的痛苦和不幸,你都要面带微笑,勇敢面对,让自己活得快乐一点,活得精彩一点!

## 没有一种成功不需要磨砺

汤姆在纽约开了一家玩具制造公司,另外在加利福尼亚和底特律设了两家分公司。

20 世纪 80 年代,他瞄准了一个极具潜力的市场产品——魔方,开始生产并投放市场,市场反馈非常好。于是,汤姆决定大批量生产,公司几乎所有的资金和人力都投入进来。谁知,这个时候,亚洲的市场已经由日本一家玩具生产厂家占领。等汤姆厂家生产的魔方投放亚洲市场,市场已经饱和!再往欧洲试销,也饱和。汤姆慌了，立即决定停止生产，但已经晚了，大批的魔方堆积在仓库里。特别是两个分公司，资金几乎完全积压，又要腾出仓库来堆放新产品，汤姆的生意在底特律和加州大大受挫。汤姆无奈之下，决定从加州和底特律撤出来，只保留总部，他的财务已经无法支撑太大的架子。

这是汤姆第一次输掉了一局。

不久，汤姆的财力恢复，在亚洲设了一个分厂，开拓起亚洲市场来了。但好景不长，汤姆的亚洲市场化为灰烬。正逢美国玩具工人大罢工，汤姆处于风雨飘摇中的玩具公司立即破产，他血本无归。

汤姆又一次输了。

汤姆总结了自己失败的原因，萌发了一个庞大的计划。他向银行贷了一笔资金，再度开创一家玩具厂。经过周密计划、严谨的市场调研和销售分析，他立即决定生产脚踏车，他要在日本厂商打进欧美市场之前重拳出击。他一炮打响，美洲市场被他的厂家占领，欧洲市场的厂家也占有优势。两年后，因为脚踏车市场已近饱和，汤姆又决定停止生产，开发另一种产品。

这次汤姆胜了，并且赢了全局！

从这个故事中，我们不难发现：雄鹰的展翅高飞，离不开最初的跌跌撞撞。"不经一番寒彻骨，怎得梅花扑鼻香。"要想让自己成为一个有所作为的人，我们就要有吃苦的准备，人总是在挫折中学习，在苦难中成长。

我们每个人都会面临各种机会、各种挑战、各种挫折。成功不是一个海港，而是一个埋伏着许多危险的旅程，人生的赌注就是在这次旅程中要做个赢家，成功永远属于不怕失败的人。

每个人的一生，总会遇上挫折。相信困难总会过去，只要不消极，不坠入恶劣情绪的苦海，就不会产生偏见、误入歧途，或一时冲动破坏大局，或抑郁消沉，一蹶不振。

其实在人生的道路上，谁都会遇到困难和挫折，就看你能不能战胜它，战胜了它，你就是英雄，就是生活的强者。

某种意义上说，挫折是锻炼意志、增强能力的好机会，不要一经挫折就放弃努力，只要你不断尝试，就随时可能成功。

如果你在挫折之后对自己的能力发生了怀疑，产生了失望情绪，就想放弃努力，那么你就已经彻底失败了。挫折是成功的法宝，它能使人走向成熟，取得成就，但也可能破坏信心，让人丧失斗志。对于挫折，关键在于你怎么对待。

爱马森曾经说过："伟大高贵人物最明显的标志，就是他坚忍的意志，不管环境如何恶劣，他的初衷与希望不会有丝毫的改变，并将最终克服阻力达到所企望的目的。"每个人都有巨大的潜力，因此当你遇到挫折时要坚持，充分挖掘自己的潜力，才能使自己离成功越来越近。

跌倒以后，立刻站立起来，不达目的，誓不罢休，向失败夺取胜利，这是自古以来伟大人物的成功秘诀。

不要惧怕挫折，挫折是成功的法宝，在一个人输得只剩下生命时，潜在心灵的力量就是巨大无比的。没有勇气、没有拼搏精神、自认挫败的人的答案是零，只有坚持不懈的人，才会在失败中崛起，奏出人生的乐章。

世界上有许多人，尽管他们失去了拥有的全部资产，但是他们并不是失败者，他们依旧有着坚忍不拔的精神，有着不可屈服的意志，凭借这种精神和意志，他们依旧能够走向成功。

温特·菲力说："失败，是走向更高地位的开始。真正的伟人，面对种种成败，从不介意，无论遇到多么大的失望，绝不失去镇静。只有他们才能获得最后的胜利。"

在漫漫旅途中，失败并不可怕，受挫折也无须忧伤。只要心中的信念没有萎缩，只要自己的季节没有严冬，即使凄风厉雨，即使大雪纷飞。艰难险阻是人生对你的另一种形式的馈赠，坑坑洼洼也是对你意志的磨炼和考验。落叶在晚春凋零，来年又是灿烂一片；黄叶在秋风中飘落，春天又将焕发出勃勃生机。

## 只要能认识自己，便什么也不会失去

在繁杂纷乱的现代社会中，人们或为学业孜孜以求，或为生计四处奔波，或陷入爱情旋涡无法自拔，或为生活中的琐事烦躁不已。你有没有觉得自己越来越像机器，每日按部就班，却几乎从未真正体验过自己的内心？我们所体验的自己，实际上是他人认为我们"应该是怎样"的人。你是否曾发出"我迷失了"的感叹？

也许你在事业上颇有成就，是众人眼中的成功人士。然而，是否有一天你的心头突然袭来一阵莫名的空虚，你感觉自己无所依傍，眼前所追求的一切似乎都失去了意义。你不清楚自己究竟得到了什么。你想到自己很久没回家陪家人度周末了，你看到曾经最痴迷的吉他早已蒙上了灰尘。也许你是一个平凡无奇、毫不引人注意的人，当你看到身边的人生活得多姿多彩时，你忍不住问："为什么我的生活这样乏味？好机会为什么不眷顾我？"不论你是前者还是后者，总免不了感慨自己没有这个，失去那个，最终连自我也找不到了。

老子云："知人者智，自知者明。"看清自己是我们成功的必然条件，这样我们就不会因为外界的变化而迷惘若失。如果能对自己明察秋毫，那么你就能感受到自己的充实饱满。做一个认识自己的聪明人，你就"什么也不会失去"。

直到今天，能真正认识自己的人又有多少呢？

哲学家叔本华在参加一次名流云集的沙龙时，他精彩的演讲使在座的人们赞叹不已。

一位贵妇人忍不住问道："先生，您真是一位杰出的人物，您能告诉我您是谁吗？"

"我是谁？"叔本华停了一下说道，"如果有谁能告诉我这一点就好了。"

现实生活中，科学技术日益发展，人们对未知世界的了解日趋丰富，却开始与自身背道而驰。我们始终在向外追寻，却恰恰忽略了自己，忘记时时反观自己的内心。所以常常可以见到，有些人谈事时滔滔不绝，做事时却束手无策；有些人过于自信和自重，失败后却又自轻自贱；有些人身处顺境时便心安理得，陷入困境时又自暴自弃；有些人喜欢批评别人，却最容易原谅自己。如果我们不了解自己，等待我们的便是迷惘和失败。

许多人面对"自我评价"时往往字尽词穷，反而问身边的人"你觉得我是怎样一个人呢"。六祖慧能曾对前去问禅的人说："问路的人是因为不知道去路，如果知道，还用问吗？生命的本源只有自己能够看到，因为你迷失了，所以你才来问我有没有看到你的生命。"当人迷失在对自我的找寻中，又怎能以一种坦然与平和的心境迎接生命更多的挑战？

认识自己并非一件易事，需像登山一样一步一步跋涉。但在这个过程中，你

170

将发现每前进一步都会看到更美丽的风景。

## 每一次破碎，都是一种重生

"不经历风雨，怎能见彩虹"，任何一次成功的获得都要经过艰辛的奋斗和痛苦的磨炼，才能拥有。

老鹰是世界上寿命最长的鸟类。它可以活到70岁。要活那么长的寿命，它在40岁时必须做出艰难却重要的决定。

当老鹰活到40岁时，它的爪子开始老化，无法有效地抓住猎物。它的喙变得又长又弯，几乎碰到胸膛。它的翅膀变得十分沉重，因为它的羽毛长得又浓又厚，使得飞翔十分吃力。

它只有两种选择：等死或经过一个十分痛苦的更新过程。

老鹰要经过150天漫长的历练，很努力地飞到山顶，在悬崖上筑巢，停留在那里，不得飞翔。

老鹰首先用它的喙击打岩石，直到完全脱落。然后静静地等候新的喙长出来。

它会用新长出的喙把指甲一根一根地拔出来。当新的指甲长出来后，它们便把羽毛一根一根地拔掉。5个月以后，新的羽毛长出来了。这个时候，老鹰才能开始飞翔，重新得到30年的岁月。

在我们的生命中，有时候我们也必须做出艰难的决定，然后才能获得重生。我们必须把旧的习惯、旧的传统抛弃，使我们可以重新飞翔。只要我们愿意放下旧的包袱，愿意学习新的技能，我们就能发挥我们的潜能，创造新的未来。

## 只要你不放弃，梦想会一直在原地等你

梦想是什么呢？梦想是对美好未来的向往与追求，它在我们的生命中是不可或缺的。没有泪水的人，他的眼睛是干涸的；没有梦想的人，他的世界是黑暗的。

梦想对一个人是很重要的，一个没有梦想的人，就像断了线的风筝一样，没有任何的方向和依靠，就像大海中迷失了方向的船，永远都靠不了岸。只有梦想可以使我们有希望，只有梦想可以使我们保持充沛的想象力和创造力。要想成功，

必须拥有梦想，你的梦想决定了你的人生。

一位成功人士回忆他的经历时说："小学六年级的时候，我考试得了第一名，老师送我一本世界地图，我好高兴，跑回家就开始看这本世界地图。很不幸，那天轮到我为家人烧洗澡水。我一边烧水，一边在灶边看地图，看到一张埃及地图，想到埃及很好，埃及有金字塔，有埃及艳后，有尼罗河，有法老王，有很多神秘的东西，心想长大以后如果有机会我一定要去埃及。

"我正看得入神的时候，突然有人从浴室冲出来，胖胖的，围一条浴巾，用很大的声音跟我说：'你在干什么？'我抬头一看，原来是我爸爸。我说：'我在看地图！'爸爸很生气，说：'火都熄了，看什么地图！'我说：'我在看埃及的地图。'我爸爸跑过来'啪啪'给我两个耳光，然后说：'赶快生火！看什么埃及地图！'打完后，踢我屁股一脚，把我踢到火炉旁边去，用很严肃的表情跟我讲，'我给你保证，你这辈子不可能到那么遥远的地方！赶快生火！'

"我当时看着爸爸，呆住了，心想：'我爸爸怎么给我这么奇怪的保证，真的吗？我这一生真的不可能去埃及吗？'20年后，我第一次出国就去埃及，我的朋友都问我：'到埃及干什么？'那时候还没开放观光，出国是很难的。我说：'因为我的生命不要被保证。'于是我就自己跑到埃及旅行。

"有一天，我坐在金字塔前面的台阶上，买了张明信片寄给我爸爸。我写道：'亲爱的爸爸：我现在在埃及的金字塔前面给你写信。记得小时候，你打我两个耳光，踢我一脚，保证我不能到这么远的地方来，现在我就坐在这里给你写信。'写的时候我的感触很深。我爸爸收到明信片时跟我妈妈说：'哦！这是哪一次打的，怎么那么有效？一脚踢到埃及去了。'"

俄国文学家列夫·托尔斯泰说："梦想是人生的启明星。没有它，就没有坚定的方向；没有方向，就没有美好的生活。"

梦想能激发人的潜能。心有多大，舞台就有多大。人是有潜力的，当我们抱着必胜的信心去迎接挑战时，我们就会挖掘出连自己都想象不到的潜能。如果没有梦想，潜能就会被埋没，即使有再多的机遇等着我们，我们也可能错失良机。

有了梦想，你还要坚持下去，如果半途而废，那和没有梦想的人也就没有区别了。如果你能够不遗余力地坚持，就没有什么可以阻止你的理想的实现。

梦想是前进的指南针。因为心中有梦想，我们才会执着于脚下的路，坚定自己的方向不回头，不会因为形形色色的诱惑而迷失方向，更不会被前方的险阻而吓退。

## 美好的日子给你带来经历，阴暗的日子给你带来阅历

艰难的日子虽然让人焦头烂额，可是我们却没有办法选择别样的生活。既然改变不了，那么我们不如冷静地接受，认真地过好每一天，这样也许我们就会有很多意外的收获，生活也不会再让我们觉得痛苦了。

众所周知，王宝强是个在少林寺里生活了六年的孩子，因为克制不住内心梦想之火的燃烧，就决定出少林"闯荡江湖"了。他从少林寺伙房师傅的口中得知很多师兄弟都去了北京做武打替身，可以拍电影，还可以和很多大明星接触……由于被外面五彩缤纷的生活所吸引，也被心中的梦想所牵引，因此王宝强来到北京，开始了所谓的"北漂生活"。

实际上，我们可以想象得到，像王宝强这样没有什么学历和文凭的人，在"北漂"中注定是不能气定神闲的。他曾经回忆："那个时候住排房，屋子很小，夏天非常拥挤，五六个师兄弟挤在一个炕上。不过房租很便宜，一个月100块，每个人每月也就20块钱的租金。"可是，就算你空有一身好武功，也要有戏演才能维持生活。而实际上，只凭当替身的那点儿拳脚费，几乎无法维持生活。于是，那个时候的王宝强，几乎是"替身和民工"并存。

生活的艰难并没有动摇王宝强的信念，不管生活多难，他都咬紧牙关坚持着。接下去的两年里，他忽然和家里失去了联系。有一次访谈中，王宝强的哥哥说："他到了北京忽然和家里失去了联系，信也没有，电话也没有，差不多将近两年的时间，我妈妈想他都快得病了。他忽然有一天打电话回来，说自己得了大奖，开始我们都还不信呢……"

王宝强的确曾经和家里失去联系，他说："那个时候没有钱，就是没钱打电话。""而且也不想打，没混出来个人样，觉得没法跟家里交代，没脸和家里人说。"就在那样孤独、艰难的岁月里，王宝强一面做"武替"，一面做民工，才勉强维持了自己的生活。有时候"武替"一大有几十块钱，有时候就只有一顿盒饭，

可是即便这样，王宝强也觉得挺好的，来了北京，能吃饱，还能长见识。

很多师兄都劝他："宝强，咱回去吧。你说咱们武功也一般，长得也不好，还没什么文化，哪有导演愿意要咱们这样的呀。不是每个人都有李连杰那样的好运气的。"可是，倔强的王宝强就是不肯认输，抱定了"再难也要坚持下去"的观点，坚决要留在北京打拼。记得蒲松龄曾经写过这样的落第自勉联："有志者，事竟成，破釜沉舟，百二秦关终属楚；苦心人，天不负，卧薪尝胆，三千越甲可吞吴。"不知道是不是因为他"愚公移山"的精神感动了上帝，好运终于飘然降临了。

李扬导演相中了他，电影《盲井》中的优秀表演让他一举成名，并荣获了当年金马奖最佳新人奖。随后，冯小刚导演找到了他，他和中国几个一线大明星一起加盟《天下无贼》。那个憨厚的"傻根"让人们一下子记住了他的名字。王宝强的星途从此一帆风顺。

很多人认为王宝强之所以能越来越好，是因为他太幸运了。可是王宝强却说，我并不是幸运的一个，能够有今天的成绩，是因为我一直没有放弃，尽管日子很难过，但是我一直在认真过好每一天。

尽管在生活中，我们每个人都会遇到各种各样的磨难和考验，只有能够认真地过日子的人，才能在最后的关头突破自己，创造生活的奇迹。其实，生活中给予我们每个人的机会都是相同的，越是艰难的岁月，就越能提供给我们进步的空间。所以，不要总是抱怨日子不好过，只要我们坚持，认真地过好每一天，我们就能抓住希望。

## 你所看到的惊艳，都曾被平庸历练

《礼记·中庸》中说道："凡事预则立，不预则废。"我们无论做什么事情，都要在行动之前进行筹划、准备。事先有准备才能获得成功，否则就会失败。一个缺乏准备的人一定是一个差错不断的人，因为没有准备的行动只能使一切陷入无序，最终面临失败的局面。成功只青睐有准备的人。

阿尔伯特·哈伯德生在一个富足的家庭，但他还是想创立自己的事业，因此他很早就开始了有意识的准备。他明白像他这样的年轻人，最缺乏的是知识和必备的经验。因而，他有选择地学习一些相关的专业知识，充分利用时间，甚至在外出工作时，也会带上一本书，在等候电车时一边看一边背诵。他一直保持着的这个习惯使他受益匪浅。后来，他有机会进入哈佛大学，开始了一些系统理论课程的学习。

阿尔伯特·哈伯德对欧洲市场进行了一番详细的考察，随后，他开始积极筹备自己的出版社。他请教了专门的咨询公司，调查了出版市场，尤其是从从事出版行业的普兰特先生那里得到了许多积极的建议。这样，一家新的出版社——罗依科罗斯特出版社诞生了。

由于事先的准备工作做得充分，出版社经营得十分出色。阿尔伯特·哈伯德不断将自己的体验和见闻整理成书出版，名誉与金钱相继滚滚而来。阿尔伯特并没有就此满足，他敏锐地观察到，他所在的纽约州东奥罗拉，当时已经渐渐成为人们度假旅游的最佳选择之一，但这里的旅馆业却非常不发达。这是一个很好的商机，阿尔伯特没有放弃这个机会。他抽出时间亲自在市中心周围进行了两个月的调查，了解市场的行情，考察周围的环境和交通。他甚至亲自入住一家当地经营得非常出色的旅馆，去研究其经营的独到之处。后来，他从别人手中接手了一家旅馆，并对其进行了彻底的改造和装潢。

在旅馆装修时，他根据自己的调查，接触了许多游客。他了解到游客们的喜好、收入水平、消费观念，更注意到这些游客是由于厌倦繁忙的工作，才在假期来这里放松的，他们需要更简单的生活。因此，他让工人制作了一种简单的直线型家具。这个创意一经推出，很快受到人们的关注，游客们非常喜欢这种家具。他再一次抓住了这个机遇，一个家具制造厂诞生了。家具公司蒸蒸日上，也证明了他准备工作的成效。同时他的出版社还出版了《菲利士人》和《兄弟》两份月刊，其影响力在《致加西亚的信》一书出版后达到顶峰。

阿尔伯特深深地体会到，准备是一切工作的前提，是执行力的基础。因此，他不但自己在做任何决策前都认真准备，还把这种好习惯灌输给他的员工。不久之后，"你准备好了吗？"已经成为他们公司全体员工的口头禅，成功地形成了"准备第一"的企业文化。在这样的文化氛围中，公司的执行力得到了极大的提升，工作效率自然显而易见。

有位成功学家如是说："成功不会属于那些没有丝毫准备的人，那些没有准备的人，即使有成功的机会，也会因为没有精心准备而错失，甚至将已经到手的成功拱手让给别人。"的确如此，成功必须经过努力奋斗才能够获得，岂能是一个没有任何准备的人可以得到的呢？然而有些机会是不知道什么时候才会降临的，因此我们不能松懈怠慢，要时刻做好准备，让自己保持在最佳状态，以便机会出现时，我们可以一把抓住。

一位老教授退休后，巡回拜访偏远山区的学校，与当地老师分享教学经验。由于老教授的爱心及和蔼可亲的态度，所到之处，他都受到老师和学生的热烈拥戴。有一次，当他结束在山区某学校的拜访行程，准备赶赴别处时，许多学生依依不舍。老教授也不免为之所动，当下答应学生，下次再来时，只要谁能将自己的课桌椅收拾整洁，老教授将送给该名学生一份神秘礼物。在老教授离去后，每到星期三早上，所有学生一定将自己的桌面收拾干净。因为星期三是教授每个月前来拜访的日子，只是不确定教授会在哪一个星期三到来。其中有一个学生的想法和其他同学不一样，他一心想得到教授的礼物留作纪念，生怕教授会临时在星期三以外的日子突然带着神秘礼物到来，于是他每天早上都将自己的桌椅收拾整齐。但往往上午收拾妥当的桌面，到了下午又是一片凌乱，这个学生又担心教授会在下午到来，于是在下午又收拾了一次。想想又觉不安，如果教授在一个小时后出现在教室，仍会看到他的桌面凌乱不堪，便决定每个小时收拾一次。

到最后，他想到，若是教授随时会到来，仍有可能看到他的桌面不整洁。终于，这位学生想清楚了，他无时无刻不保持自己桌面的整洁，随时欢迎教授的光临。结果可想而知，老教授的神秘礼物属于这个时刻都在准备着的学生，而且这位学生还因此得到了另外一份礼物。

塞缪尔·约翰逊说："最明亮的欢乐火焰大概都是由意外的火花点燃的。人生道路上不时散发出芳香的花朵，也是从偶然落下的种子自然生长起来的。"伟大的成功往往是由意外的机遇促成的，如果一个没有丝毫准备的人，即使机遇出现在他面前也是会被错过的。

成功的机会，只会青睐有准备的人，它不相信眼泪，它与懦弱胆小、松懈懒惰、蛮干盲从无缘。懦弱胆小的人，一遇困难便裹足不前，魄力不足，谨慎有余，不足以成大事；松懈懒惰的人，毫无危机感以及责任感，在享乐主义的驱使下挥霍人生，败事有余；蛮干盲从的人，遇事毫无主见，只会跟在别人后面亦步亦趋，结果往往是事倍功半；只有积极做好准备的人，才能把握住成功的机会，创造辉煌。

## 不怕失败才会成功

在这个世界上，每一个人都经历过无数次的失败。当然，也包括富人在内，他们的成功也并非是一帆风顺的。

没有人不想成为富人，也没有人不想拥有财富，但很多人在追求财富的过程中要么被困难打败，要么对挫折望而却步，半途而废。如果我们换个角度来看问题就不一样了：世界上根本就没有所谓的失败，只有暂时的不成功。这也正是富人们的信条，正是因为在他们的字典里没有"失败"，他们才不会放弃，才会继续努力，他们知道不成功只是暂时的，总有一天他们会成功！

金融家韦特斯真正开始自己的事业是在 17 岁的时候，他赚了第一笔大钱，也是第一次得到教训。那时候，他的全部家当只有 255 元。他在股票的场外市场做掮客，在不到一年的时间里，他发了大财，一共赚了 168000 元。拿着这些钱，他给自己买了第一套好衣服，在长岛给母亲买了一幢房子。但是这个时候，第一次世界大战结束了，韦特斯以为和平已经到来，就拿出了自己的全部积蓄，以较低的价格买下了雷卡瓦那钢铁公司。"他们把我剥光了，只留下 4000 元给我。"韦特斯最喜欢说这种话，"我犯了很多错，一个人如果说他从未犯过错，那他就是在说谎。但是，我如果不犯错，也就没有办法学乖。"这一次，他学到了教训。"除非你了解内情，否则，绝对不要买大减价的东西。"

他没有因为一时的挫折而放弃，相反，他总结了相关的经验，并相信他自己一定会成功。后来，他开始涉足股市，在经历了股市的成败得失后，他已赚了一大笔。

1936 年是韦特斯最冒险的一年，也是最赚钱的一年。一家叫普莱史顿的金矿开采公司在一场大火中覆灭了。它的全部设备被焚毁，资金严重短缺，股票价格也跌到了 3 分钱。有一位名叫陶格拉斯·雷德的地质学家知道韦特斯是个精明人，就游说他把这个极具潜力的公司买下来，继续开采金矿。韦特斯听了以后，拿出35000元支持开采。不到几个月，黄金挖到了，离原来的矿坑不足百米。

这时，普莱史顿的股票开始往上飞涨，不过不知内情的海湾街上的大户还是认为这种股票不过是昙花一现，早晚会跌下来，所以他们纷纷抛出原来的股票。韦特斯抓住了这个机会，他不断地买进，买进，等到他买进了普莱史顿的大部分股票时，这只股票的价格已上涨了许多。

这座金矿每年毛利达250万元。韦特斯在他的股票继续上升的时候把普莱史顿的股票大量卖出，自己留了50万股，这50万股等于他一分钱都没有花。

韦特斯的成功告诉我们，不要害怕失败，财富的获得总是在失败中一点点积累，很少有一夜暴富，而且一夜暴富的财富也总是不长久的。这便是富人们不怕失败的原因，失败也是一种财富。

## 战胜缺点的过程就是突显优点的过程

人没有完美的，总会有这样或那样的缺点。缺点是否成为成功路上的障碍，关键是要看成就什么样的事业。想成为万人瞩目的政治领袖吗？那就需要具有富兰克林那样的勇气，检视自己的缺点，并与这些缺点进行坚持不懈的斗争，直到胜利为止。

克劳兹是美国某企业总裁，他奋斗了8年让企业的资产由200万美元发展到5000万美元。2005年他去华盛顿领取了本年度国家蓝色企业奖章。这是美国商会为奖励那些战胜逆境的中小企业而颁发的，那年只颁发了6枚奖章。

克劳兹可以算是一个成功的企业家了，可他的心中却有一个难言之隐，他将它深深藏在心里已经很多年了。白天克劳兹应接不暇地处理对外事务，好像忙得没有时间去阅读邮件和文件。其实很多文件白天由公司的管理人员处理好，到了晚上，白天遗留下来的文件由他的妻子莱丝帮助他处理。他的下属对他无法阅读这件事一直一无所知。

克劳兹的痛苦起源于童年。当时他在内华达的一个小矿区里上小学。"老师叫我笨蛋，因为我阅读困难。"他说。他是整个学校里最安静的小孩，他总是默默地坐在教室的最后一排。他天生有阅读障碍，老师又责骂他，这使得他在学校的学习变得更艰难了。1963 年，他勉强从高中毕业，当时他的成绩多数是 C、D 和 F（A 是最高等级）。

高中毕业后，克劳兹搬到了雷诺市，用 200 美元的本金开了一家小机械商店。经过不懈的努力，1997 年他已经成功开了 5 个分店，资产超过了 200 万美元。今天他的企业已经成为所在行业的佼佼者，公司每年至少有 1500 万美元的利润。

克劳兹害怕受到那些大多是大学毕业的首席执行官的嘲笑和轻视。但是，他没想到他得到的是更多的支持和鼓励。"这使我更加佩服他获得的成功，这加深了我对他的敬意。"约斯特说。另外，当克劳兹告诉他的雇员他不会阅读的时候，也赢得了雇员们的尊重。克劳兹说："自从我下决心让每个人都知道这件事以来，我心里轻松了许多。"

从那以后，克劳兹聘请了一名家庭教师为他做阅读辅导。克劳兹最近正在读一本管理方面的书。他在所有他不认识的单词下面画线，然后去查字典。他希望有一天他能像他的妻子那样可以迅速地读完办公桌上所有的文件和信函。更重要的是，他希望他的故事能鼓励其他正在学习阅读的人。

"有缺点没有什么可羞愧的。然而明知自己有缺点却不做任何改进，那就变成一种耻辱了。"自己不去正视缺点，它将永远是缺点。克服它、战胜它的过程也是凸显优点的过程。

**图书在版编目 (CIP) 数据**

所有失去的　终将以另一种方式归来 / 张卉妍著
. -- 北京 : 中国华侨出版社 , 2019.9（2020.7 重印）
ISBN 978-7-5113-7901-6

Ⅰ.①所… Ⅱ.①张… Ⅲ.①人生哲学—通俗读物
Ⅳ.① B821-49

中国版本图书馆 CIP 数据核字（2019）第 116507 号

## 所有失去的　终将以另一种方式归来

| | |
|---|---|
| 著　　者 / | 张卉妍 |
| 责任编辑 / | 黄　威 |
| 封面设计 / | 冬　凡 |
| 文字编辑 / | 宋　媛 |
| 美术编辑 / | 盛小云 |
| 经　　销 / | 新华书店 |
| 开　　本 / | 880mm×1230mm　1/32　印张：6　字数：150 千字 |
| 印　　刷 / | 三河市新新艺印刷有限公司 |
| 版　　次 / | 2019 年 9 月第 1 版　2021 年 3 月第 3 次印刷 |
| 书　　号 / | ISBN 978-7-5113-7901-6 |
| 定　　价 / | 36.00 元 |

中国华侨出版社　北京市朝阳区西坝河东里 77 号楼底商 5 号　邮编：100028
法律顾问：陈鹰律师事务所
发 行 部：（010）88893001　　　传　真：（010）62707370

如果发现印装质量问题，影响阅读，请与印刷厂联系调换。